拜德雅
Paideia

哲学带不来幸福

……而这再好不过了！

［法］罗热 - 保尔 · 德鲁瓦（Roger-Pol Droit） 著

黄可以 译

西南師範大學出版社
国家一级出版社 全国百佳图书出版单位

献给莫妮卡，

我的荣幸！

“我们发明了幸福。”
末人这样说着，
眨眨眼睛。

他们离开了难以生活的
地方：因人需要温暖。
人们还喜欢邻人，蹭蹭
他们：因人需要温暖。

生病和多疑
在他们眼中是种罪孽：他们小心
翼翼前行。还会被石头
和人绊倒，简直是疯了！

在这里、那里吸点毒，
就为了做几个美梦。
最后吸了好多毒，
就为了惬意地死去。

他们还工作，因为工作是种消遣。
但人们又时刻警惕，
生怕消遣伤害自己身体。

他们未变贫穷，也未变富有，
无论哪种都太可悲了。
谁还想掌权？谁还想服从？
无论哪种都太可悲了。

没有牧人的一群羊！
人人都想要一样东西，人人平等：
有不同想法的人会全然自发地
住进疯人院。

“从前，全世界都疯狂。”
最精明的人这样说着，眨眨眼睛。

——尼采，《查拉图斯特拉如是说》

目 录

第三部分

幸福在哲学中的漫长旅程

第四部分

背景画

- 引言 -

骗人的歌谣

哲学使人幸福！现如今，到处都能听到这样的歌谣。无论它们有着怎样的音调和节奏，无论由什么样的乐团来演唱，这些歌谣的副歌都一成不变：

懂一点儿哲学，人生更富活力；
坚持学习哲学，幸福指日可待！

哲学，也就是说，当今这首歌谣，总在教

人辨认什么是真正的幸福。它指出通向幸福的道路，教导人们如何保鲜、延长和护卫幸福。

听上去，哲学具备了把人们带往幸福的所有条件。好些个唱段详细地描绘出哲学众多不可思议的化身：智慧学派、精神练习、价值观老师、有益文章、实用建议……

我们被幸福哲学的陈词滥调淹没，不是建立在其基础上的广播、杂志我们一律不听、不看。幸福哲学有自己的大师、方法和市场。它穿越时空，渗透到方方面面，甚至涉入了我们未曾预料的领域……多亏了哲学，突然之间，幸福成了人人唾手可得的东西！

尝试过幸福哲学的人似乎都非常满意。很多客户证实了这一点：“多亏了哲学，我们的人生发生了改变！”以前，他们悲伤又犹豫，充满压力又焦躁不堪。多亏了哲学大夫的休克疗法——一个疗程的伊壁鸠鲁学派，加上一点儿斯多葛主义，以及早晚服用的斯宾诺莎小药片——他们如今轻松自在，好像给灵魂晒了个日光浴，准备好积极地面对人生了。

我将会在本书中对以下问题进行解释：为何这首幸福哲学之歌在我看来错误而虚伪？它是如何露出马脚的？以及，在何种情况下它会变得危险？当然还有，为什么从本质上来说它既可笑又荒唐？

因此，我是出于愤怒才写下这则宣言的。我要站出来反对对于哲学的滥用、无知和愚蠢。同时，我也要反对那些唯利是图、不正派的知识分子——他们中的一些人因为利益驱使而主动犯错，另一些则因为思想程度不够、判断力不强而在无意间犯错。相对而言，我认为后者更为可怕。

接下来的研究和论述并不针对任何个人。在我提到的作者中，有的是我的朋友，有的则不是。他们中的很多人备受大家尊敬，另一些则没那么权威——在我看来，这都是圈内共识了。不过，这些人和我关系亲近还是疏远，以及针对他们的各种议论、批评，都和我们要讨论的问题毫无关系。

我要探讨的问题仅在于大众对哲学及其角色的看法上所出现的巨大偏差。这种偏差新鲜而离奇，它的出现不怪皮埃尔，不怪保尔，也不怪雅克，不怪任何一个人。但是他们的免责仅在个人名义上成立。事实上，所有人都是这个时代的一分子，大家皆以集体行动的形式参与其中，就像是拼图的每一个模块。我感兴趣的不是个人化的每一块拼图，而是拼图完成后我所看到的整体画面。

这就是为什么我毅然决然地将对于这个或那个幸福哲学痴迷者之间细微差别的区分搁在一边，不去深究。出于对诚信度和严谨度的考虑，我甚至愿意将他们的观念混合并简化。只有乍一看才会觉得这样不妥。其实一个想要谈论整体的人就应该刻意忽视细微差别。这些作者不尽相同，他们的观点也不一样，无所谓，无论怎样，他们都会为人生和思想作画。只有这幅画才是叫我感兴趣同时又叫我恼火的。

这幅画通常给哲学下达了首要的任务：使人们到达幸福的彼岸。首先，它赋予了哲学一种能力，即给任何渴望幸福的人提供方法，使他们最终活得平和、沉醉。在我看来，这种幸福——舒适而麻木——真是既没意思，也不诱人。但是，可能有人已经懂了，在这本书里我要谈论的并不是幸福，而是哲学。有太多书写及了幸福的不同概念（定义、描述、所处位置、可获得性等），长时间以来，它们堆满了图书馆。然而，却极少有研究指向这种近来吞噬了哲学的、使人幸福的迷思。

不过，幸福哲学，这一哲学的表现形式——具体而言，哲学之职能、任务和影响的表现形式——几乎成了主流。至少在大众生活，以及与文化、思想和生活方式相关的言论中，它占了半壁江山。

诚然，没有人可以用一种客观又精确的工具来严密地衡量幸福哲学的这种优势。但无论怎样，这种趋势随处可寻。我想让大家意识到这个转变的普遍性，看到它的弊端，帮助大家更好地理解它的出现。因此，我重温了几百年来大众对哲学之看法的演变。我重读了很多关于幸福哲学的或精彩或平庸的书籍和文章，重新审视了它们的内容和论证方法。

结果我怒不可遏，于是我拿起了笔。

第一部分

幸福，愿你的国降临！

越幸福的人，

就越不在意幸福。

——阿尔贝托·莫拉维亚，《蔑视》

-1-

新神甫们的颂歌

某些事情上的确如此：不同的人所信奉的东西相差甚远。尽管如此，这些差异并不令人讶异。几乎是老生常谈了：有的人是无神论者，有的人则信奉神明；日常生活中，有人是左撇子，有人是右撇子；一直以来，有人愚笨，有人灵巧；如其所是，有人会写作，有人就不会。日光之下并无新事（Nihil novi sub sole）……

令人讶异的另有其事。

这些以往观点天差地别的哲学家们，如今却突然意见统一起来。只要涉及幸福这一点，他们就忘掉分歧，一同发声，甚至相互称贺。所有人都说：幸福等着我们，我们有能力、也有机会得到它。所有人一致认同哲学可以为人们指路导向，帮助人们获得幸福，他们还一致声称幸福就是哲学的任务、存在的意义和庄严的使命。

一种强烈的愿望擦亮我的眼睛，促我找出这突如其来的和谐到底是从哪儿冒出来的。虽然我不是什么老资格，但我的经历足以让我想起另一个时期。那时，主流观点认为幸福并非一个哲学问题。那时，无论是教授、评论家，还是广义上的知识分子，没有人成天幻想着让自己同时代的人过得更为泰然和愉快。然而，现如今却没有人怀疑实现这种幻想的可能性。

我们直接掌控着自己的幸福，而的确，我们的思想又掌控着我们自己。于是，我们研究思想，纠正思想，对其进行调整、驯服、裁剪……最终，对我们来说，哲学繁荣昌盛的至高境界，便是幸福。

哲学家安德烈·孔特-斯蓬维尔（André Comte-Sponville）告诉我们："哲学的目的是智慧，即幸福。"他还强调，这不仅是他个人的观点，同时也是哲学史上最古老、也最经得起推敲的观点之一。经过稍许修改，他将伊壁鸠鲁借用的著名定义变成了自己的说法："哲学是一项通过言语和论证使人们获得幸福生活的活动。"

通过大量书籍、课程、讲座、会谈和博客，米歇尔·翁福雷（Michel Onfray）也继续教导我们：愉悦是整个人生的目的和向导，享乐主义便是信条，幸福就含蕴于此时此刻、此地此景，锚定于一瞬之间。让我们获得幸福的同时，哲学还打破幻觉、消除来生、幻灭假象，而这些正是消磨人生的罪魁祸首。

反对一切有关荒诞、悲剧和绝望之观点的罗伯特·密斯哈黑（Robert Misrahi），视哲学的任务为建立真实、稳定、完满和自觉的幸福，使其如同宇宙一样实在而可被感知。他写道："幸福同时体现在反思和存在之中，它既是对满足的自觉渴望，又是作为完满性的存在之思。"在这一哲学性的幸福建构之中，他展开了一系列工作，致力于研究他从斯宾诺莎那里读到的东西。在这些工作中，包括了在他所谓的完整性中对存在之快乐的建构。这种建构既是智力层面的，也是感性和肉体层面的，而这正是他的工作方式和实践内容。

吕克·费希（Luc Ferry）则重新将对于美

好生活的古老思考放回当代研究的中心。美好生活，即人们都想要的、有实现可能的幸福生活。同时，继尼采和德勒兹之后，他也结合现代智慧的成果，关注当代对美好生活的定义标准。同样，在他看来，没有无实用意义的哲学，没有无存在目的的哲学，也没有不给完整人生和真实幸福作贡献的哲学。哲学应该教会人们“尽可能智慧、幸福和自由地生活”。

弗雷德里克·勒诺瓦（Frédéric Lenoir）也思考幸福这个问题，致力于阐释、推行和掌控幸福。他借助古今东西哲学家们的论述鼓励大家通过“哲学知识，即精神练习”来获得幸福，因为“哲学使深藏在每人心中的快乐释放”。贝尔特朗·维尔热里（Bertrand Vergely）不断著书声称幸福就是哲学所追求的目标、所带来的东西，哲学使幸福成为可能。

我还可以在这一简单的回顾中添加许多其他作者的名字，不过这只是对无数工作成果的列举，对太多的文件、实用指南、学术会议或讲座的介绍。还得统计不计其数的英美书籍，这些书也在鼓吹同样的言论：读柏拉图比吞抑郁药好得多！“永恒智慧”的成功可以运用在日常困扰中，这是路易斯·马利诺夫（Louis Marinoff）最畅销的书的主题，这本书被翻译成二十七种语言。古老智慧的真相完全变成了现代化的东西，乔纳森·海特（Jonathan Haidt）也在他的《幸福假设》（*The Happiness Hypothesis*）一书中证实了类似的观点，他说幸福主义的改革正在进行，只要接触过亚当·斯密（或斯宾诺莎，或维特根斯坦，或罗素）的思想，你就明白他将怎样改变你的人生，等等。

虚情假意的悲歌

说到底，我觉得列出一份长长的名单并没有什么意义。其实，每个人只要看看自己的周围，就会发现无处不在的幸福主义哲学家。强调大家随处可见的事情有什么意义？问题的关键不在于我们所看到的现象：依照这种鼓吹可以保证幸福的伪哲学，一切都是可见的、免费的和唾手可得的。

所以关键不在于发现它的存在，更不在于证明它的存在。我们要做的只是弄明白：为什么这种幸福哲学既不被嘲讽、也不被质疑？它依赖于什么样的共识？它怎样登上舞台？它有什么用？它能满足什么需求？

哲学的幸福，这首颓丧的悲歌相当长一段时间以来都在用它贴心的建议、美妙的教导和殷切的鼓励来哄骗我们。为什么我们毫不犹豫地接受了它？在我看来，这首歌以圣器室里那种虚情假意的氛围包裹我们，以教士身上那种不健康的气场熏陶我们。由幸福哲学家们所组成的不情不愿的唱诗班，让我想到那个叫“神甫们”的合唱团，出于一种难以理解的混合了内疚和信仰的情感，那合唱团尽收些在养老院打扑克的老油条。

幸福哲学悄悄地接近，能叫人吓一跳。事实上，我们的幸福主义哲学家们——包括前面那些我提到的，还有更多我没提到的——看起来一点也不像出入教堂的人。恰恰相反……他们中大部分人都声称自己是无神论者或不可知论者。他们之中，有的相对谦逊，有的则狂热傲慢。

此外，他们并不满足于宣称天国空空如也，

让我们将视线转向尘世，鼓励我们追求作为人的幸福，不要别的，只要作为人的幸福。显然，他们和宗教划清了界限。他们还自发地批判神职人员、宗教组织和精神力量。打着幸福（也就是说，独立的快乐和自由的愉悦）的名号，他们自发地痛斥强制推行的教条、训诫所带来的约束，以及施行这些约束的人。这样说来，为什么我们反倒在他们身上看到了神甫们的影子呢？

因为他们太像了，不管他们说什么，不管他们跟谁斗。反宗教的言辞再激烈，他们的行动也都非常像一种新型神甫：实际上，他们就是在讲授课程、颁布规定、书写准则。诚然，他们给人的感觉和上帝的使者不一样。但事实上，他们就是在接后者的班。他们已经坐上了后者的扶手椅，穿上了后者的祭披，进入了后者的告解室。

引领，或者拒绝

意识引导者、幸福哲学家和个人发展规划师们大概都有着不同的审美和风格，甚至信奉不同的教条。然而事实上，在我看来，他们之间的相同点比冲突和分歧要多。他们的这些身份主要用于观察和引领那些穷困无知、天真到会相信他们的人："我的小家伙，我来教你怎么生活，我可是这方面的专家……如果你听我的，如果你照做，如果你听懂了我说的，你就知道到底该怎么做了！"

当然，他们诡计中的第一条就是下达不明确的指令："你得靠自己去找到自己的路，成为你自己是最重要的。千万别委屈自己去服从任何外界的规矩。我只知道你应该通过怎样的方法寻找，去寻找这个世界上你最想要的，也就是全人类最想要的东西：幸福。”

我相信这话和其他类似的言论在大部分情况下都出自诚实守信的思想家。他们诚心诚意、坚定不移地视协助同侪更好地生活为己任。我一点也不想进一步挑明，他们可能只是些机会主义者、两面派、伪君子或别种可悲的庸人。我相信我们的神甫充满诚意。我承认，他们唱颂歌的时候十分虔诚，带着良心，就像杂志里写的那样：“哲学家们都很幸福，因为他们懂得快乐。”不过，我不赞同的正是这种想法本身，还有这种让我恶心的姿态。“我来教你怎么生活”是一句猥琐至极的话。

我确信，那些声称自己是哲学家或想要成为哲学家的人，不管是谁，都不允许自己跟别人持有相同的态度，对世上任何事情都永远不可以发表和别人类似的观点，对待哲学理论课程要像对待瘟疫一样远远躲开——因为这些课程让哲学理论的信奉者和研习者显得幼稚。

断言某种规范应当起到约束和引领的作用，这是在冒犯幸福，冒犯人生，也是在冒犯哲学。其实我只相信，存在是一种彻底的混乱，这种混乱的持续不遵循什么终极原则，也不被任何权威压制。

人生，同这混乱一样，赤裸、原始、野蛮。它不可理解、无法预知，也难以忍受。以至于严格来讲，声称人生总的来说是幸福或不幸的，这本身就没有任何意义。人生包含了一切幸福与不幸。这些现实之中的或想象出来的幸福与不幸，在人生中轮番登场。

屈服吧！

如果你到处打听获得幸福人生的途径，或许你的人生就已经不对劲了，被糟蹋了，要不就是可悲的，要不就是可鄙的。遇到这种悲哀的人，当下最应该做的就是不回答他。想知道这样被糟蹋了的人生可以如何变得幸福？这种人最不应该得到帮助！叫他灰心丧气才是做好事呢！应该告诉他，他搞错了方向，即使幸福真的存在，也不是通过某种方法、思考或哲学能获得的；幸福一向乱来，不讲规矩，获得它全靠运气。

然而，实际上呢？我们的幸福哲学家们披上神甫袍，拉正长绸带，给希望获得幸福的人解释：通过 A，再加上 B，如此这般，就能幸福了。无论何时何地，他们的说法都一样：“如此，这般，你就能在工作和生活中找到幸福了，在厨房、浴室、办公室、卧室或车里，在放假的时候，都能找到……然后，如此，这般，你就永远都能幸福到开花，永远都会觉得完满、愉悦。一句话，你的人生就会变得有意义！”

在这番充溢令人恶心的满足感的说教中，我没听到任何实质性的内容，除了这句：“屈服吧，照我说的去做，顺从吧，不要反抗，去工作，去花钱，什么也不要违背。经过哲学滤网的冷压初榨，让一切都绕着圈继续转下去，永远别停……”

在这些让人获得幸福并留住幸福的说辞里，除了一种规范化的、霸权的、奴役式的控制，我没听到其他任何内容。在“做个幸福的人吧！”这句话中，我听到的是“做个奴隶吧！”——这也就是为什么我为参加到这金玉其外的极权主义之中的哲学家们感到羞耻，无论他们经过了深思熟虑，还是疏忽大意而为之。

可能我的观点看起来有点艰涩，甚至粗略。进一步的阐释可能会让这些观点看起来更具体、详细，也就更容易理解。这正是我下文的内容。

-2-

从前，幸福只是偶然

从目前所有的幸福哲学之歌出发，都可以到达这样的信念：幸福是被构建的。它取决于我们，并且只取决于我们自己。如果知道如何去争取，我们就不会错过。我们是境况的主宰者——一切只是方法、技巧和实行的问题。这种我们比什么都更想要的完全幸福感，就悬挂在我们去向完全幸福的路上。即使我们什么都不做，甩手不干，停止努力，也没问题。

“所有幸福都是我们努力的成果”，这话我们听到耳朵长茧——完全如此，或大抵如此。这“大抵”只是一种形式上的补充，一种为了体现谨慎而添加的细节。但凡遇到了困难，我们都会尽力避开。当暴风雨来临，躲起来的也是我们。但说到底，老实讲，我们才是游戏唯一的主宰者。这就是目前我们最显而易见的信念，也是最不被怀疑的信念。

甚至众多学者也秉持这个想法。如今，他们中很多人以各种全然不同的论调不停强调“幸福是我们自己的事”，它取决于我们的眼光、决定和思想的方向。多亏了深思熟虑的哲学家们：如果我们像他们要求那样遵循那些建议，我们最终绝对能获得成功人生！因为，似乎全世界的人都渴求幸福，同时，全世界的人都可以控制发生在自己身上的事情。这样说来，人们缺少的只是建造幸福城堡的图纸。

当我们被灌输了如此深思熟虑而又丰富多彩的想法，我们就绝对能够成为城堡的主人。什么也不能阻止我们的幸福殿堂达到完美。我们一定会成为自己建筑的主人，成为自己房屋的建筑员、细节的装饰者、风格的设计师。

多亏了哲学家们（我们的老师、向导、智者……），我们才能区分真与伪、虚与实。再没有幻象之镜、不确定性、摸索和失败……智慧带来的，是千真万确又保质保量的真正幸福！

这里，幸福哲学已经掩藏了自己忽视的第一件事。事实上，为了证明存在一种完全取决于我们的选择和行动的幸福，我们需要彻底忘掉一件重要的人尽皆知的事情：一种深刻、古老而实在的联系从一开始就将幸福和偶然拴在一起。这个对古人来说不争的事实正好与当今世人的信条相悖：在古人看来，幸福并不取决于我们。幸福首先是偶然的产物。

最古老的信条实际上是在说，幸福和不幸一样，突然而至……它降临在我们头上，我们从来不是它的原因，我们甚至无法预料！需要强调的是，这种与当今“创造幸福”相对立的“偶然幸福”，似乎正是最早在希腊人、罗马人以及欧洲其他古老民族中发展的幸福理念。

古代肯定也出现过某种形态的“创造幸福”——不过那也跟我们现在的这种非常不同——并且很快就遇到了问题。根本无法想象古代的思想者认为幸福取决于我们自己，更不用说它被掌控在我们手中。尽管真正的支配者是“偶然”，但如今的伊壁鸠鲁派、斯多葛派、犬儒学派和怀疑论者全都异口同声地肯定我们能够获得幸福，哪怕人生风云莫测，哪怕自然和人为灾害，哪怕人的存在中有难以预见的波动。

语言的足迹

但这并非最初的概念。相反，这些学者对共同的、古老的、主导的信念——幸福只是偶然的产物，我们无能为力——产生了反应。至少，在西方文化中，这一概念构建了背景，是初始的信念和幸福之定义的出发点。

想要追溯幸福和偶然之联系的足迹并不困难，尽管长时间以来它已变得模糊不清，尽管如今它几乎被全盘否定了。我们要做的只是瞄一眼单词表。大部分印欧语系的语言都在描述幸福的词语中保留了运气、不可预测、偶然的标记。

法语中，heur 一词指的是偶然的事情，一个突然发生的事件和情况，这是人为不可控的。bon heur（幸福），简单来说也就是好的运气、好的偶然、幸福的意外。类似地，mal heur（不幸）就是“没运气”、摸到烂牌、抽到下签……碰到的事情或好或坏，叫人开心或痛苦、愉悦或不快，这都是我们无能为力的。我们在这场赌博中没法出手。这就是法语词汇所告诉我们的。

heur 一词来源于拉丁语，是由 augurium 衍生而来的，后者意为预兆，而事件到底是正面的还是负面的、盛大的还是致命的，我们不得而知。但希腊人在罗马人之前，就将幸福与运气相联系，并从多个角度去阐释。

古希腊语中，幸福可以用 eutuchia 这个词来表示。从这个词我们就已经能看到千百年后法语单词的模样。eu 实际上是好的标志（*eu-*

phonique［悦耳］，*eu*-rythmique［谐和］，等等），而 tuchè 指的是偶然和运气。另一个希腊词语 eudaïmonia（eudémonisme[幸福和好生活的教义] 这个词的来源）也可以用来表示幸福。这个词也包含了 eu 这个前缀，但意义上更多是和神力相联系的，表示 démon 们在人类世界中所施加的法力。

对希腊人而言，这些 démon 并非后来基督教的 Démon 一词所意指的魔鬼。希腊人认为 démon 更多是指信使、中间人、引领人类的力量。它不顾人类的想法，将他们带向最好或最坏的时刻。幸福就和 eudaïmonia 一样，在被哲学家采用和阐释之前，首先是一种征兆，标志着人对自己人生的完全失控。

有一些比我们更强力的事物——叫它上帝也好，天使或魔鬼也罢——控制了我们的意愿，推着我们，掀翻我们，带走我们，却又将我们领到入迷和狂喜的境地。又或者用痛苦压垮我们，甚至不顾求饶将我们粉碎。无论怎样，这都不是我们可以控制的。这些事情远在我们的掌控之外，不顾我们的想法，亦不给我们任何空间，让我们成为不幸或幸福的随从。

德语采用了同一个词 Glück 来表达“运气”和“幸福”两个意思，这样保留两者间的相似性关系。英语也一样，happiness 和表示不可控事件突然发生的动词 happen 之间的关联显而易见。

幸福和偶然之间的这种初始关联在欧洲语言中得到了非常好的证明。每种语言中“幸福”这个词的出发点都是类似的：让我们满意、开心的事情，给我们带来幸福的事情，都取决于其本身。它们爱来就来，并不是我们要它来它就来，或我们做些什么就能把它弄来。因此，我们没有一丁点权力控制我们的幸福……

让我们幸福的事情于我们的掌控之外独立存在。它们自发地突然出现，偶然而随意，难以理解，甚或不公。希腊人首先提出这一点：如果人类的幸福生活存在，那它也只取决于上帝的意愿，取决于其不透明的决定，其暗地里的行动。尽管，将幸福理解为上帝的决定，这十分简明清晰、富于逻辑、让人安心，但它同样认为人类无法把握幸福。

伴随命运，或抛开命运

众神本身都遵循着命运的安排，暴露在他们无法掌控的事件之中。或许最古老的神的形象就和世界的命运有着深刻联系。我们目睹的事件过程与一系列偶然遥相呼应。但是，尽管我们的存在本身每天每小时都取决于此，我们也始终无法对其加以解释。“某处”有着命运之线，决定了人类的存在，但是我们对此难以理解，也无能为力……

在这古老的视角下，我们被视作命运的玩具，这种命运通常难以破解、难以看清，无论如何，我们都无法掌控它。所以可能会发生在我们身上的事情(好的或坏的,非凡的或平淡的,崇高的或恶毒的……)，从不真的取决于我们。不管我们怎么努力计划和尝试，甚至当我们坚信很快就会达到目标，会看到我们的付出有了回报，我们的工作会有成果，一粒偶然之沙都随时可能落到我们头上，卡住我们成功的齿轮，使之成为噩梦。

显而易见，这样的想法离我们如今的幸福

观差了十万八千里。我们不知道这一没头没脑的“偶然幸福”怎么来的，也不知道它为什么来，然后它又毫无理由地走了。这种“偶然幸福”的观点既不适用于我们的智慧，也不适用于我们的行动，它正好处在当代观点的对立面，即幸福是完整、持续且稳定的。

而且，这个概念还显得难以接受。面对一种我们无法控制的力量，我们如何能够忍受就这样听之任之、束手束脚？怎么接受对我们来说最重要的事情——幸福——能够如此这般不知遵循谁的想法出现又消失？正因为这样的困难，希腊人很早就感到了矛盾。也正是因为这一障碍，将思考幸福视为己任的哲学跨过或避开了这个问题，大体上来说只是作了简单的总结。

要不就选择忍受这种偶然。这样，就需要以英雄的方式接受对其自身存在的放弃，在狂喜和痛苦中随波逐流，在稳定与混乱里左右颠簸。就要无情地等待一见钟情或流弹袭击，同时清楚地知道我们的选择和行动什么也不能改变。另外，还需要在这种不舒服的状态下悠然自处，接受命运的安排，甚至因为生活的波涛而兴奋。

和我们想的一样，作出这种选择的人非常少。这种选择在整个思想史上也没能吸引多少人。但它依然是存在的，而且被一些人证实。尼采的 amor fati（爱命运）大概是最新的代表理论。他比任何人都更能体会到命运的风云莫测，体会到命运是混乱的泡沫、冲突的结果。他坚持对生命表达彻底的“我愿意”，无论幸福还是不幸，快乐还是痛苦，忠诚还是背叛，罪恶还是圣洁，健康还是病痛……大概这个彻底的“我愿意”是一种崇高的表达，和我们大多数同时代人完全不同。

还有一种选择，它旨在发明免受偶然之冲击、留存某种形态之幸福的方法，通过精心策划、人为构建、逐步锻造，将这个方法从各种命运的打击中提炼出来。没有能力改变命运，没有能力控制偶然，那就尽力切断它们与幸福的联系。人生的意外事件，或好或坏，都会长存。历史上那些事件，或有助益，或具破坏性，都会接踵而来。

再没有什么能够破坏我们的心情、生活模式和心理平衡，因为这些东西都是特别构建起来的，旨在对抗命运的偶然，旨在抵消偶然的破坏性和影响力。这种“抗震的”幸福，如果我们能这样称呼它的话，其哲学建构几乎统摄了所有的古典思想学派。在一种新的幸福之中，任何事物在存在的不测风云面前都不再脆弱。

而正是这种新幸福的创立，使得伊壁鸠鲁派、斯多葛派、犬儒学派和怀疑论者得以以各自的方法工作。所有的古典思想学派，还有在此之前的苏格拉底、柏拉图、亚里士多德，都视切断幸福和偶然的联系为目标。

因为这样的思想让我们有成为自身幸福构建者的可能，因为这样的思想中幸福被视作可持续的、不被命运左右的事物，所以我们相信这些思想学派的内容可以满足21世纪的需求。幸福哲学的实质正是如此。后文中我会证明古人的幸福和我们的幸福之间有着太多隔阂、差异和分歧，因此这种表面上的相近其实只是一种圈套。

另外，还需要强调，我们最新的现代性在幸福—偶然这组关系中跨越了怎样重大的新一步：目标不再是逃避偶然从而建立幸福。从今往后，目标转变为消除偶然从而建立一个拥有完全而明确的幸福的世界。梦想的世界中，偶然被主宰、被控制，然后被简单而完全地消灭。

最终我们可以消除所有偶然，这一幻想暗地里主导着大部分的现代科技，从遗传学和 DNA 测序，再到数字世界中大数据（big data）的运用。“我们有能力让你们真正避开偶然从而变得更幸福”——这是目前大部分科学技术研究者的主旨。

对偶然的全盘根除不仅遥远，而且是不可能的。幸好如此。上述方案都只是让偶然看起来好像消失了，只是否认了偶然的存在，减小了它的影响。幸福就这样由约会网站创造，只因为这些网站通过理性计算，科学地建立在心理遗传学分析之上。

嘲笑也好，恐惧也罢，都不重要。现在最

重要的是要看清这一点：曾经，幸福只是一种偶然，而如今，幸福只在没有偶然的情况下存在。

-3-

三位一体：三个伪证

1. 所有的人都渴求着幸福；

2. 而哲学能让人获得幸福；

3. 因此所有人都需要哲学。

这就是我们的新神甫们最爱的三位一体。它以最为简单的方式表达了圈套的实质。当然，人们永远也不会看到这个三位一体以这种脱掉外衣、揭开画皮的方式曝光。然而，正是这三个一组的所谓证据构成了“幸福 - 的 - 哲学 - 钥匙”行动的基础。

我们一下子就能看到这一信条的多重好处。这一信条依附于普世的人对幸福的渴求，人们确信哲学给予的帮助能完美迎合这一渴求。

可以为此狂喜。在人类的本性和哲学的本质之间，产生了多么令人欣慰的和谐啊！如此互补、一致。看看：前者有种比其他什么都想要的东西，后者就能给！如此这般，既然所有人都渴望幸福，那么哪有什么人会错过幸福呢？而哲学既然能提供幸福，又怎么敢不满足每个人最最强烈的梦想呢？

大家想要的，哲学能给！

结果显而易见，但不容忽视：“幸福-的-哲学-钥匙”的市场扩张到了全人类，甚至已经影响到了下一代！

面对着每一个无论比起什么都更想要幸福

的人，还有奇迹般地能够满足这必需的、根本的、首要的愿望的哲学，给出这样的结论不可避免：每个人都应该研究哲学，从而获得，确信地获得，他们比其他什么都更觊觎的东西！

所有能说会想的人，已经出生或即将出生的人，别的什么都不用做了，就去趟收银台，付钱弄本不可或缺的哲学建议文集，这本书就能让他们幸福。或者选择 DVD、研讨会、讲座、收音机节目和网络直播版本的相同良药。再或者，与大师特别会面，当然这取决于你的日程安排、意愿，以及，当然，预算。

无论怎样，新神甫们非常注意明确这一点：这从来都不是钱的问题……就像所有人都知道的那样，幸福和他们自己都跟钱没有一丁点关系。幸福是掌握在每个人手中的，无论你是否富有。初始的资金投入和最后的获得并没有关系。钱和幸福完全不在一个频道上。

面对无价之物，一点点钱财又算得了什么？卖的不是幸福，甚至不能保证幸福。只是一个方法，一条路，一个起始方向。由您，只由您，用您自己的方式来靠近幸福。只有您，而不是其他任何人，清楚道路的走向和旅行的进程。出版社推脱所有责任。它对您的未来不负任何责任。未来是璀璨的，一点也不用质疑。而功勋只属于您一个人。

新神甫们和他们的信徒们可能会将我称作魔鬼。我必须承认：我的确是个坏蛋、异端分子、离经叛道者。我当然只是绞架的猎物，火刑的目标，永恒的罪罚、地狱之火的对象。因为我非常怀疑这种三位一体的根据。这些作为理论基础的证据在我看来不仅有待商榷，甚至可以说是虚假的、谬误的，用一句话来说，就是与哲学背道而驰。

多少种幸福？

所有人都想要幸福，这点其实既不显然，也不确定。

哲学能够使人得到幸福，这点也既不显然，也不确定。

因此，所有人都该学习哲学以获取幸福，这点也就既不显然，也完全不确定。

我会在接下来的几页中解释支撑这些论述的东西。我将展示论据，让我的怀疑具有合理性，防止自己天真地落入拯救者哲学的陷阱之中，这种哲学普遍乐善好施，完全是幸福的供应商。

另外，在展开这几点之前，还需要明确我们在谈论的是哪一种幸福。因为同一个词并不一定指同一个意思。人们谈论幸福的时候往往感觉每一个时代、每一位作家、每一种社会的幸福都是同一件事情，其实只是用了同一个词而已！

并不是这样的。某种意义上来说，每个人都知道这点。古人的幸福和我们的不一样，这不是一个新发现。古典主义的幸福和浪漫主义的也不一样。19 世纪的乌托邦主义者渴望的幸福和马克思主义者渴望的幸福没多大关系，弗洛伊德学派的，尼采学派的，每个人脑袋中对幸福都有着不同的概念……所有人都用同一个词，但是这个词反映的构想或现实不尽相同。

虽然这点众所周知，人们还是装作不是这样。人们执拗地忘记这个原始又普遍的事实：同样单词组成的句子表达的不一定是一个意思。一种幸福和另一种幸福之间的距离，可能如同狗（chien，吠叫的动物）与猎犬座（Chien）之间的距离一样远。但是人们无视历史的划分和文化的区别，坚信三位一体的言论。我坚信，这种对不同概念、不同历史的无视要为如今的混沌负极大责任。

因为我们的传教士们固执地沉浸在对这些差异的无视之中。这种对于历史的彻底无视让他们得以变出好多戏法。比如他们可能用伊壁鸠鲁所说的幸福来谈论今天的幸福，好像他脑袋里想的东西和我们今天想的一样似的。同样，不管引述的是柏拉图、亚里士多德、孟德斯鸠、斯宾诺莎，还是狄德罗，都是如此。他们之间的差异不重要，因为“幸福”的含义对于我们这些神甫们来说是不变的、永恒的，他们对世间变幻无动于衷。

似乎“幸福”这个概念神奇地避开了所有

变化。它无视思想和文化史中随处可见的断层、区分与变更。

新神甫们因此毫不知耻地发明了幸福一成不变的含义，“幸福”永远意味着“幸福”：对于苏格拉底和朱迪斯·巴特勒（Judith Butler）来说都一样，对于圣奥古斯丁和圣茹斯特、圣埃克苏佩里来说没区别，对于普罗提诺、狄德罗和第一个“幸福哲学”的鼓吹者来说无差异。这显然太方便了，而且，也显然大错特错。

因为古代哲学和我们今天的哲学谈论的幸福完全不同。让人相信两者是相同的，推测他们脑袋中的东西都一样，和我们当代人朝着同样的方向努力，这不仅是一种失误（erreur）。这是一种错误（faute）。这就是为什么我首先希望简短地明确三位一体没有考虑在内的历史的差异。

-4-

古代人的幸福，现代人的幸福

我反复强调这一点：没人能否认幸福在古代思想中占据了重要地位。柏拉图的老师苏格拉底就经常谈论幸福。比如，他支持不公正的人无法获得幸福这样的观点：僭主的极乐鸿福是虚幻的，只有美德，对真善的渴望，才能带来真正的愉悦。亚里士多德同样如此，在许多作品中，包括《尼各马可伦理学》中的一大段，都在关心幸福命题。他特别解释说，人只有走到生命的尽头才能知晓人生是否幸福。他坚信愉悦不足以定义幸福，更不能保证幸福的存在。我们灵魂对于真实的沉思构建出唯一持久的幸事，在这沉思之中，人类能够最大程度地完满。

不过，亚里士多德并不欣赏以牺牲存在实质为代价的纯粹精神主义者：对他来说，个体为了获得幸福，还需要一个有爱的家庭、一些真诚的朋友、一点闲钱、一个好名声，如此之多外界因素。

在希腊，在罗马，无数人用哲学的方式研究幸福、研究幸福的定义、获得幸福的方法、要避免的陷阱、达到幸福终点的有效路径，相关学派、思想家和古代作品清单长之又长。比如伊壁鸠鲁及其拉丁弟子卢克莱修在各自的作品《致美诺西斯的信》和《物性论》中所表达的，他们认为哲学是“平复灵魂风暴”最为灵验的方法。包括芝诺和克利西波斯在内的第一批希腊斯多葛主义者，以及包括帕奈提乌斯、西塞罗、塞涅卡在内的拉丁斯多葛主义者，还有罗马皇帝马可·奥勒留，也都非常关注避开不幸的方法，试图摆脱命运的动荡，达到稳定、平衡、没有困扰的状态。诚然，对他们来说，哲学的目的在于智慧，而这智慧就是幸福：一旦达到目标，哲学就一定会带来幸福。

安提西尼、锡诺普的第欧根尼和犬儒学派哲学家们则将幸福视作他们主张的“回归自然”（kata phusin）的人生的结果。这样的人生因原始而智慧，它能使人免于忍受毫无用处的痛苦，无论是普通人，还是疯子，无论是鲁莽的人，还是因为虚幻的追寻和故意的谎言而左右摇摆的人。皮浪和怀疑论者们则在对评判的怀疑与保留中找到通向自由状态的关键，这种状态也自认能够平复情绪起伏，从而保持从容泰然，带来某种稳定幸福的能力。

幸福是可以被追寻的。还需要提到普罗提诺，逻辑学家们和新柏拉图学派追随者，尖锐的琉善，以及许多之后的思想家。这样，我们可以梳理出思考幸福的古代哲学表格，这些哲学家或直接或间接、几乎无一例外地研究幸福。无论怎样，古人们不断地思考幸福的本性，思考描绘幸福的方法，试图用逻辑思维的网捕捉幸福。整个古代思想都清楚地表露出其对幸福的沉思，以及持续不断地对捕捉幸福的关注。

“追寻幸福”这个短语在司汤达的作品中可以读到，但这并非他的创造，甚至不是 19 世纪的产物。亚里士多德就曾在《政治学》中写道：“人们都各自出发，以不同的方式和方法追寻幸福，他们创造出各种各样的生活方式和组织

结构。”（VII, 8, 5）

因此，古代哲学是考察幸福的，甚至可以说，任何时代、任何地点的古人们都思考着幸福这个命题。古代哲学制定测试方法以试练幸福、筛选幸福、剖析幸福、绘制幸福。在大量的规则之下臆造幸福的体验、幸福的练习和幸福的训练，以尽可能确定不会错过幸福。

就算这里我只进行了粗略的梳理，每个人也都能明确地感知到这张表格的准确性。如果如此，那么我们为什么要犹豫是不是要继承这份遗产，享用这份宝藏呢？我们想要幸福，我们难以达到幸福彼岸，我们却愚蠢到这个地步，以至于当经过世世代代的努力，多少世纪的坚持，幸福正大步地向着我们的驯化奔来时，我们却不能果断地迈开大步走向幸福？相反，难道我们不是有着难以想象的好运气，在千百年后也能享用到这些美妙的哲思积淀?

新神甫们正是这么说的。作为这个时代的弄潮儿，他们毫无不安地抹去历史。他们等待着我们的赞同，相信取得赞同的同时也能挥舞这显而易见的错误之旗帜：“古人习得了幸福哲学，现在轮到我们了！难道你们不想照着他们一样做？”

断然应该回答“不”。对此我感到非常遗憾。打破幻想，让勇敢的人们灰心丧气，这的确让我感到抱歉。打破崇拜、反叛圣像、敲碎美好图景统统不是我的使命。如果一会儿你们觉得失望，请记得我已经提前道过歉了。让我感到安慰的是，什么都不告诉你们会比打碎你们的梦更糟糕。比破坏你们的幻想更让我感到遗憾的是任凭你们被欺骗，看着你们被引上迷途，被新神甫们和他们夺取一切的诡计弄得晕头转向。

因为对于古代人和现代人来说，幸福不是一回事。因此，相信古代人的幸福练习真的能够适用于我们，这是一种巨大的错觉。他们想到的、希望的、主张的一切都和我们的渴望、梦想截然不同。一切，或者说几乎一切。这就是我要解释的关键。

深深的鸿沟

古代人的幸福和我们的幸福之间首先就存在着集体和个体的差异。古代人谈论的幸福都是集体的：在私人事务、个人状况、人生轨迹、“内在”情感之前，幸福在他们看来首先建立起一种与外界的联系，一种特殊的包含方式。人被包含在文明城邦中，或是宇宙中，总之，个体只是集合之中的一个元素。

因此，获得幸福并不意味着人生绽放或个体发展这些与世界分离、不取决于其他人的事情。相反，幸福是走出自我，离开自己的位置，是对外界的沉思，是对融入某个集合的机会的把握：将自己视作乐队中的一个音乐家，画作中的一笔，宇宙大戏中的一个角色。

柏拉图只将幸福视作世界序列中空间上和政治上的个体融入。亚里士多德和马可·奥勒留这两个千差万别的人，也都认为幸福只与城邦、权力和自然的建立相关。

毋庸置疑，无论是幸福的命运，还是不幸的命运，始终都是个体的事情。我们通常都会说这个人很幸福，那个人不幸福。但是这种个体道路不能等同于对集体、对世界的融入。

无论这种集体是城邦（如柏拉图和亚里士多德所说），还是宇宙（如马可·奥勒留所说），差别都不大。因为归根结底，个体灵魂、城邦和整个世界都是从同一个模型出发、以类似的结构搭建而成的。

在这样的视角下，人不可能只为自己而幸福。古人的幸福不能够局限于个体。现代人的幸福反倒退回到个人主义的层次。如今，我的幸福首先关乎我。这是一件私自的、个人的、主观的事情。不过这不代表利己主义就是个人幸福的唯一形态，但个人是首要的，这点无须赘述。

但是问题更为微妙。就算我承认，为了让自己拥有幸福，我需要别人伺候我、服从我、侍奉我……这还是从我的主观角度出发，从我的内在性和我的本身出发来考察幸福。如今再也找不到别的视角了。

这个永远“主观的”现代幸福和相对“客

观的”古代幸福之间有着间隙。这一间隙和邦雅曼·贡斯当（Benjamin Constant）1819 年关于自由的论述异曲同工：古代人的自由一定是在城邦、法律和政府的集体框架下的，而现代人的自由不可避免地成为个体语境和个人决定的一部分。

至于幸福，差异更为明显，但是这种差异被忽视了。当今的哲学家们往往装模作样地从古代哲学的汪洋中取水——两手装得满满的——来汇成如今的幸福之河，虽然两者毫无关系……

古今之间的第二道鸿沟更深，即关于幸福的完满。现在，当我们想到幸福的时候，我们自然而然地倾向于认为幸福一上来就是完满的。获得幸福，就是达到存在的完美，获得完满的当下和一生。幸福对于我们来说是一个整体，不是一条道路。

获得幸福需要搭建道路，比如听取建议、参加研讨会、咨询、跟随向导。因此，当然需要弄来我们新神甫们的成名作、后续著述和最新作品（我说的“最新”只是他们最后出版的那本，其实没有多新，不要对他们的效率有多高的期待）……但是，终于有一天，完成了，我们明确地获得了所有的知识，幸福就到来了！这就是我们一开始设想的。

然而古人并不是这么想的，至少当他们谈论平常人的幸福时不这么想。对于既非神仙、也非智者的普通人来说，总是要去追寻幸福，试着达到幸福彼岸，但是这过程永远不会完结，不稳定也不确定。这是一条没有尽头的路，一种尝试，一种摸索，直到死亡将其专横地切断，任何情况下都不会拥有确定的完美。这是条不归路。

已经获得的幸福可能会不定期地再失去。建立的幸福可能会突然被摧毁。不幸总是会突然出现，猝不及防。幸福的平衡从本质上来说永远脆弱、易碎，不知道什么时候就消逝了。古代版本中所有的幸福都是纸牌屋。只有智者们的幸福除外!

因为智慧既不是暂时的，也不是可逆的。一旦人们获得了智慧，就将永世拥有。一日顿悟，终生大彻！这才是完美，才是成就：“你将如同神明一般生活在人类之中”，伊壁鸠鲁这样保证。记住，在无常之中，你会保持严谨清晰；在焦躁之中，你会保持从容泰然；在茫然之中，你仍旧美满幸福。这是一定的……

因为智慧虽然是人类生活的一部分，但却拥有“神性”。对于古人来说，智慧是稳定的，没有缺失，没有恐惧，没有惊扰。智慧显然也是幸福的，是最高形式的幸福，因为有了智慧以后就不用再被运气左右，不用受限于偶然的波动。智者的人生最终永远地摆脱了命运女神的任性。智慧的存在永远免受命运的打击，扎根自然之中，洪流之中，宇宙之中。事实上，智慧让个体不再将自己视为与他者分离的特别一体。与宇宙相和谐，如宇宙般规律，这样的人生与消亡渐行渐远，永不回首。

这就是为什么，似乎一旦获得智慧带来的幸福状态就再也不会失去，它永远都在，不变质，不生锈。而且这种幸福还是通过哲学练习获得的！柏拉图、亚里士多德和大部分的希腊哲学家确实认为智慧是哲学前进的终极目标，是由哲学努力获得的。另外，古代的智慧学派（包括伊壁鸠鲁派、斯多葛派、犬儒学派、怀疑论者这些我们刚刚提到过的学派）培养出了最高理想层次的智者形象，他们永远摆脱了不幸、恐惧、疾病等一切阻碍人类如神明般生活的因素。

谈到这里，我们进入了幸福哲学和宣扬幸福哲学的神甫们感兴趣的核心。他们怎么说？“我们其他人，现代人，想要幸福的人，当然要在这源泉中酣醉！让我们复兴智慧！用我们的方法来勾勒出智慧的轮廓，找回哲学最重要的路，这条被不合时宜地忘记、抛弃、掩盖的路！让我们重新阅读，去模仿，去实践古代哲学，然后我们就能依据它们建立起我们的现代幸福了！”

智慧存在吗？

唉！……没办法重新运用古代的方法，不

管哪一种。甚至不能改变以适应当今世界。行不通的。下面我来说说为什么。

首先，因为事实上从来没有真实存在的人习得过哪怕最微小的智慧。智者形象在我们前进的同时后退，随着智慧的地平线越来越远。虚构人物，神话形象，理想的调控者，智者首先是古代哲学家梦想成为的形象，但他们非常清楚他们永远也不能“真正”达到这个梦想。这不是我的个人观点，不是主观随意的阐释，是古代人自己承认的。

比如说斯多葛派的哲学家们。在众多崇尚智慧的学派中，斯多葛派无疑是书写智慧人生最多的，憧憬、判断、决定、记忆，这些具体方法都被包括其中。他们的分析涉及智者能做什么，能检验什么（或者不能检验什么），智者怎么思考，等等。这种准确和精细让人感觉似乎再小的细节都被研究到了。

的确如此。斯多葛派对智者了解得一清二楚。但是，柯南·道尔的读者也能用差不多的方法研究并几乎完全准确地知道福尔摩斯习惯几点喝一杯雪莉酒，怎么点雪茄，他的斗篷（macfarlane，特别奇怪，该词是对贝克街荣誉住客日常披的因弗内斯斗篷［Inverness Cape］的惯用法译，同时，它也是法国一位斯多葛派哲学家的名字）从哪来的。

斯多葛派自己也主动承认他们没有上当："永远没有一个人能成为智者。"……他们对模范存在的明确否认完全没有影响他们对此的追求。相反，这种否认对现代人来说太难受了。这就是为什么我们的神甫们小心警惕，避免走向这一难点。如今的读者、听众、幸福追寻者想要的，不是理想、虚构、神话……是现实！

至少要有对现实的承诺，因为可能没人这么天真。没有可行的方案、成功的实践练习、达成的具体结果，幸福的彼岸就不会那么有吸引力。

或许我们可以试着避开困难，就像斯多葛派之前那样，同时强调智者虽然一直没有真实出现，但依然有可能达到。康德的伦理并没有因为他从未在世上实践过的可能性而打折扣。同样，经过必要的修正，智者暂时的不存在并不足以让我们否认他出现的可能。

还应该说清楚。在“站在古人的肩膀上成为智者，收获幸福”与“或许对理想纯粹的假想永远也不会实现，但依然会在您的人生道路中给您提供帮助”之间确实存在很大的差异！我们的神甫们主张第一种论述，然而其实第二种才是唯一诚恳的说法。

但是，还有比这更令人烦恼的，让我用一

种不那么糟糕的方式来说：其实智者并不了解幸福！至少现在理想模板里的那些智者对幸福都完全不了解。智者避开不幸，这是肯定的，但是他们也避开了幸福。他们两者都避开了，在别处待着。完完全全的别处，这是事实。智者们假想的“幸福”和人类梦想获得的幸福之间的差别甚至比普通人的幸福与不幸之间的差距还要大。

智者达到的“幸福”状态更多指的是一种中立（ne-uter：不是这个，也不是那个，不是不幸福，也不是幸福）状态。想象一种没有欲望，没有情感，甚至没有感受的状态。智者可能还会表露些情绪，但他们不再被这些情绪羁绊，就像面对身外之物一般。当希腊哲论谈论困扰的缺失（a-taraxie）或者情感的缺失（a-pathie），当拉丁哲论谈论 tranquillitas 和 serenitas，即智者的“灵魂平等”，他们其实都在谈论同一件事情：智者的七情六欲都平静如水。

因此，这与现代人想要的幸福谬以千里。这种平淡，这种欲望的根除，这种无用的心甘情愿的情感摘除不是现代人期盼的，也不是他们寻找的。让他们相信通过这样的方式能得到满足完全是种错误，甚至是种欺骗。

第二部分

要允许怀疑……

让我逃开这充满谎言、

满是残忍幻象的幸福！

让我工作，让我疲惫，

让我痛苦，让我激情澎湃！

——乔治·桑，《罗道斯塔特伯爵夫人》

幸福哲学从不怀疑任何东西！这不仅说明它无所忌惮，它还毫无廉耻地告诫你们应该怎么生活，不应该怎么生活，你们应该做什么，不该做什么，这样才能达到幸福。如此看来，它不缺胆子——而最惊人的正是我们不为幸福哲学的这种嚣张而震惊。

幸福哲学从不怀疑任何东西也体现在对“怀疑”之本意的否定上：坚信是幸福哲学的领域，确信是幸福哲学的习惯。幸福哲学只具有各种各样的确实性。它确信所有渴望幸福的人相信哲学比其他任何事情都更能将他们带向幸福。这些显而易见的事情组成了横梁和立柱，幸福哲学由此搭建。它从不质疑。然而这将带来教训，这种教训是毁灭性的，无可避免。

如此避讳对其出发点的质疑，对于大部分思考哲学的知识分子来说都非常诡异。我相信我理解的哲学是以质疑为基础的，也就是说，它不会坚信任何事情。这可能是哲学最古老、也最恒定的关键之一。

柏拉图将哲学视为海神陶玛斯的女儿，而陶玛斯掌管的就是海之惊奇。亚里士多德走得更远："除了质疑，哲学再无根源。"在现代哲学家中，让娜·海尔施（Jeanne Hersch）有一本精彩的著作就是将质疑视为主角。还有弗拉基米尔·扬科列维奇（Vladimir Jankélévitch）清楚地叙述的："哲学对待世界的方式就是认为什么都不确定。"在历史的长河中，质疑的优先性被提了又提，反复强调哲学不会放过任何未被质疑的事实，不会承认任何未被质疑的假设。系统性的质疑是哲学的首要姿态。如果哲学能够开口说话，它一定一有机会就张口说：“所有人都相信并说是这样的，但这难道不奇怪吗？那这个熟悉环境中的奇特之处在哪里？我们确信这个东西存在，确信这个想法站得住脚吗？”在哲学中，至少为了开启哲学旅程的时候，质疑永远存在。

我对此一直深信不疑。但我发现我们的幸福哲学家们却置之不理。他们似乎完全有理由质疑他们所处的社会之中各种各样的事物——媒体、大学、心理分析、资本主义、工业社会、科学研究、技术和其他千千万万的事物——他们却一秒都没有怀疑过全宇宙对幸福的追寻，也没质疑过哲学在此追寻中扎根的合理性，以及在斡旋之下哲学扮演的霸道角色。

因此，现在，我想来质疑一下这些美妙的保证。不一定要得出最终结论，也不一定要装作掌控或者发觉了不可撼动的事实。只是为了清楚展现幸福哲学视为基础的显而易见的事情都不可靠。这些看起来显而易见的事情其实都有些问题，并非不可动摇的信条。我希望重申这些问题，重现它们的存在，展示出它们为什么值得被注意、被思考、被讨论，而幸福哲学只是悄悄地将它们藏到地毯底下。

-5-

所有人都想要幸福吗？

第一条假设：所有人都想要幸福。更进一步说：除了幸福，其他什么都不想要。再进一步说：他们不停地梦想幸福，其他什么都不想。每个个体都追寻着同一个终极目标，坚定地跨过所有障碍以达到这个目标。

这种假设是毋庸置疑的！人们相信这是一个普遍事实，一个非此不可的首要原则。这个不需要证实的公理，自身就显而易见，不应受到明智之思的任何一点怀疑。

这就是幸福哲学不确定的那一面。相反，这种公理值得一验，值得一思。实际上，当我们从更近处观察，带着不那么被幸福哲学影响的思维，很快就能发现这种假装的显而易见并没有那么普遍，也不像我们想象的那样坚固和一致。为了察觉这一点，首先只需要注意到有关幸福的哲学言论的多样性，甚至是矛盾性。

诚然，一眼看上去，我们觉得这种显而易见的公理在各大哲学学派中都得到承认。这些学派中很多都清楚地表述了这一观点：所有人都想要幸福。人最渴望的东西就是幸福。柏拉图就是这样在《欧蒂德谟》（278 e）中和苏格拉底说的："我们这些人都想要幸福，这是真的吗？［……］提出这种问题或许是愚蠢的；因为，谁不想要幸福呢？"因此，苏格拉底（哲学疑问之父）和柏拉图（形而上学大师），联合起来宣称怀疑普适的、对幸福的渴望是荒谬的，并称这种渴望根深蒂固在每个人的灵魂之中。

亚里士多德也是如此。他关于幸福的分析，特别是《尼各马可伦理学》（Ⅰ，4，以及之后的部分）中的论述，非常出名。正是他将幸福放到了最崇高的位置："幸福是我们为自己追寻的唯一目标，我们永远不会走向别的终点。"（Ⅰ，5）我们想要拥有钱，拥有爱，拥有荣耀，拥有健康，这些都是为了拥有幸福，但是我们想要拥有幸福就是为了幸福本身。幸福不是通向其他目标的途径，而是其他一切的目标。

"幸福在这里，我们仿佛拥有了一切；幸福不在这里，我们付出一切为了得到它。"伊壁鸠鲁补充道。（《致美诺西斯的信》，122）

幸福让人充实，没有幸福的人就不能休息。每一个缺少幸福的人梦里都不会想着别的东西。所有的人从此以后只分成两个族群：获得了幸福的和追寻着幸福的。充实的或渴求的，幸福的或不幸福的，完满的或缺失的，但任何地方的人都只有唯一的相同的追求，他们不是在追求的过程中，就是达到了追求的终点。

“幸福地生活吧，加利翁，我的兄弟，这是所有人都渴望的。”这是罗马斯多葛主义者塞涅卡的著作《幸福生活》的开头。这部小说写于公元1世纪。但这样的断言并不只是斯多葛派的专利，基督教异教徒们也这样说。奥古斯丁本人也和塞涅卡一样，信奉《幸福生活》，虽然他从中得出的概念明显深深有别于尼禄的老师，但出发点是一致的：“对幸福的渴求是人类的本质，它是我们一切行动的原因。世界上最可敬的、最确定的、最明朗的、最恒定的事情，不只是我们想要幸福，而且是我们只想要幸福。这是我们的本性所在。”

可见，这一明显的事实有许多古老的强力印证，同时也不乏现代人的支持。帕斯卡在其《思想录》中以类似奥古斯丁的口吻说道：“所有人都在追寻幸福，没有例外……这是所有人一切行动的理由，直到自我终结……”（法文版，148-425）

从古代异教徒到如今的基督教徒，这一断言在笛卡尔、斯宾诺莎那里，以及在启蒙时代，都可以看到。“只有一项使命：让自己幸福。”狄德罗在《生理学的基础》中如此断言。而1742年，大卫·休谟在他的《论斯多葛主义》中支持了这一观点：“所有人实验性实践的最终目标就是获得幸福。”

我没有忽视这些断言之间并不完全相似。或许我们可以借另一次机会强调它们之间的区别、转变和彼此间的微小差异。但这并不是我要在这里分析的。我只想提醒读者，人们多么有可能满足于这种显而易见，又是多么轻易地就满足于这种显而易见。在某种意义上来说，这一显而易见不是被众多强力的权威证实了吗？的确，不正是有如此之多的明智之思重复这点吗？连苏格拉底都不再质疑的东西，我们还会质疑吗？

这似乎缓和了幸福哲学的新神甫们的危急处境。但是我不这么认为。当他们引用这样或那样的著名言论（我只是引述了其中的一小部分），并借着这些言论巩固他们视为出发点的所有人对幸福的普遍追求的合理性时，他们固执地忽视了一系列事实、观点和问题，而对这部分的遗漏是要付出代价的。

实际上，为了如此强有力地表现出这美妙的一致性，为了达到平顺的、不容探讨的、不允许任何争辩可能的效果，幸福哲学至少要忽视四件事情。

接下来的质疑，幸福哲学一点也不想听到。因为这些质疑动摇幸福哲学的根基，让人忧虑，可能让生活变得更为复杂。然而如今人人都知道，幸福的秘密在于简单——没有压力，心怀禅宗。为了保持潇洒的状态，就必须至少忽视历史、忽视消极面、忽视文化、忽视道德。然而这已经太多了。

忽视历史

我所说的忽视历史并不关乎多少世纪以来

关于幸福之想法的内容转变。我已经强调过，古代人的幸福和现代人的幸福有多不同，我不想再重复一遍。现在我要说的忽视更为简单，但也更为惊人。他们忽视了历史上那些对幸福的明确拒绝，而这些拒绝贯穿了整个西方思想史。

当看到类似“所有人都想要幸福”的断言，列出不断批判幸福渴望的思想者名单，揭露幸福哲学虚幻的特质，甚至对虚无的偏好时，意识到这一点其实并不难。我不说这些拒绝幸福的人是对是错——这是另外一回事——但是如果我们假装以哲学的方式思考问题，就不可能装作他们不存在。然而只需要看一些人人都能懂的文字，就能收集大量对幸福存在的质疑，还有对幸福是否可取、是否可触的质疑。只需要想想索福克勒斯，便可以知道希腊时期就已经有人在质疑幸福了。他在《俄狄浦斯在科罗诺斯》中通过合唱团表达："不要出生，这比什么都好。或者，回到来的地方，越快越好，这就是出生后应该立刻安排的命运。"这些话与古希腊神话里的智者、狄俄尼索斯的导师西勒努斯回答迈达斯的话相呼应："最崇高的益事你绝对做不到，即不要出生，不要存在，什么也不是。"

20世纪，齐奥朗（Cioran）在《诞生之不便》（*De l'inconvénient d'être né*）中重新突出了这一被明确提出过的传统观念："不要出生无疑是存在最好的形式。不幸的是没人能做到这一点。"因此，对幸福人生的渴求和对获取幸福之可能性的信奉并不是普适性的。其他哲学大家也证实了这一点。

希腊怀疑论的奠基人皮浪渴求的也不是幸

福。他不停地强调对于评判和漠不关心的怀疑：幸福和不幸都不应该主导我们的倾向，我们的评判应当保持怀疑。

而在所有的哲学家中，叔本华显然是最猛烈地拒绝幸福哄骗的，他称这一幻象非常可笑。他认为任何词在抨击这种空虚和危险上都不够严厉。因此他不停地将与这种思维的疾病相斗争的任务指派给哲学，以退散诱人幸福的幻象。

在他之前，伦理道德学家们（拉·罗什富科［La Rochefoucauld］、雅克·艾斯普瑞特［Jacques Esprit］、沃福纳格［Vauvenargues］）已经强调过幸福梦想的无用和虚浮；在他之后，尼采展现出幸福和不幸如何相互交织又不可分离，以至于可以明确地澄清人生表面上的愉悦都只是幻象。

这些思想家勾画出虚无主义的面貌，展现

出哲学史的悲观一面。他们之间的多样性和差异性也和所有想获得幸福的人之间的相同。我的重点不在于进入区别的迷宫，而是单纯地重申存在着不同的哲学学派，而他们都明确地反对“所有人都想要幸福”这一断言。

这些人不想要幸福，他们拒绝幸福，批评幸福，揭露幸福。认为他们批判这一断言（“所有人都想要幸福”）的方法只是将其视为一种幻象，这样的想法太简单了。仅仅指出“所有人都想要幸福，这就是他们自我欺骗的方法，他们掉入了陷阱”是远远不够的。

因为我们这些“反幸福”的哲学家不渴望，或者说，不再渴望幸福了。因此，他们组成了与普适规则相反的例外。我们要承认他们是少数派，似乎事实如此。我们甚至可以考虑一下他们是不是错了。但这都不是忽视他们的理由！

我们期待的哲学家应该去思考一个事实的两个对立面，他们应该讨论、应该驳斥、应该如此这般地渴望对立的想法。

但是，我大胆断言，我们的神甫们并不这么希望。更多时候，似乎整个哲学史上从来处处都没有人怀疑过人们对幸福的渴求，以及这一渴求的普适性。他们直接无视他们的对手。可能因为他们做了对于哲学家来说更为糟糕的事情，他们忽视了消极面。

忽视消极面

宽容些吧，我们暂且毫不怀疑地承认“全世界都渴望幸福”这一幸福哲学的前提好了。这点不言而喻：为了随时随地有价值，通过千万种方法，跨越千万种文化，在跨语言的环境中，为了能够适应每一个体，每一个人，每一种情况，这样的渴望完完全全成了一种流行和浪潮。让我们也暂时承认这些不确定的事情。

所有人都更喜欢愉悦而非痛苦，更喜欢应允而非折磨，更喜欢快乐而非悲伤，认识到这点没什么意义，但也没错。如果说对幸福的渴望是对这些渴望的总结，那的确很容易就接受渴望幸福的普适性。这样的判断其实反过来强调人们希望活着，坚持自我防范，不去招惹麻烦、痛苦和死亡。这一评判不仅真实，而且具有教育意义。但这只是部分真实。

因为生命之脉冲与幸福之间的联系显然比这样平庸的判定更为复杂。复杂不在于计算愉悦和痛苦。所有人都明白，自古以来，我们就可以选择一种痛苦来避免其他痛苦（比如药的苦味，对于我们现代人来说手术的痛苦，或化疗的副作用）。因此，以幸福的名义，我们忍受悲惨，我们选择痛苦，我们想要的并不是悲惨和痛苦本身，而是将它们视作之后能不那么痛苦的途径。

如果我们将对受苦的渴望和受虐倾向看作两码事，那么复杂性就并不来源于受虐性。如果说痛苦让人享受，那是因为通过痛苦，我们可以获得的快乐，而非痛苦本身。因为，享受和痛苦之间的悖论只是表面上的。实际上不存在悖论。一直以来，愉快都是第一位的，之后也会如此，而说到底，愉快就是胜利的人生。

如果我们继续坚持这点——这正是幸福哲学家所做的——消极面看起来就并不存在。与苏格拉底一样，他在《高尔吉亚篇》中支持这样的观点：没有人自愿凶狠。幸福哲学家也赞同：没有人自愿不幸。苏格拉底的论文总结起来就是认为不存在对消极的意愿，所有的渴望最终都是对益处的渴望，即使是虚假的益处。在苏格拉底看来，罪犯并不想要“作恶”，他只是弄错了益处，一心只渴望着自己的复仇或成功。他并不是摧毁者，只是无知者。他犯了个错误，仅此而已。否定他，没有必要。

幸福哲学家为这一类型的理论而跃跃欲试。每个人都在找自己的幸福，没有人“真正”渴望不幸。如果某人看起来放弃了，或者看起来自暴自弃，其实只是他弄错了方向，或者他在用别的方式寻找，找偏了，完全不知道远离了全世界普适的追求。帕斯卡正是在这层意义上断言自杀的人还在寻找幸福，在这样的幸福观念下，现实不能直接实现他的幸福想法，于是他结束生命，但并不意味着结束了对幸福的追求。在发现这个世界不再能满足他的时候，他作出了结束生命的选择，而正是这选择本身让他与幸福背道而驰。

或许在知道尼采、弗洛伊德和20世纪的大屠杀之前，我们可以自在地支持这一观点。之后就要难得多。因为这些作者和这些事实显示出欲望的消极面。摧毁的欲望，劫掠的欲望，决定结束生命，这些都不是简单的错误，不是虚假的益处，也不是伪装、易容、换位的幸福。如果说人们认真地看待心理研究从死亡冲动中建立起的系统，就应该有强有力的理由说明人类心理中的确有消极面，也就是说，破坏和野蛮。

屠杀，折磨，碎裂，让人痛苦对于某些人来说都是快事。自我毁灭，寻找不幸，逃开所有避免痛苦的方式，拒绝痊愈，固执地沉溺在悲惨、废黜、死亡之中，就像这些是他最珍贵的宝藏。而这些人，也是真实的人类。他们属于消极的一类人，比如弗洛伊德，还有其后人安德烈·格林（André Green），都让我们明白人类的限度和韧性。

考虑到消极面的存在，并不一定要走向对世界的消极看法。悲观主义者、世界末日主义者和沮丧的人都不一定是这一看法的必然产物。但是，可以肯定的是，这有碍弘扬“所有人都幸福，都想幸福，我们都想要幸福，让我们快点到达幸福终点！”这样的旋律。这也就是为什么幸福哲学完全摒弃消极面。或者说，当幸福哲学发现这样的想法站在自己的对立面时，立刻就否定了这种想法的存在。

他们冒着建立一种狭隘的、人造的、隔离的、单色的存在观的风险。因为这一观点同时也忘记了真实世界是多么多彩、丰富、复杂。而这与对幸福的渴望其实是不相称的。

忽视文化

没有人不渴望幸福？不对。没有哪个民族、哪类文明、哪种文化不和我们一样梦想着获得幸福？不一定。只要出去转转就能知道，对幸福的渴望一点也不普适。所谓其无处不在的、显而易见的理论只是表面现象，是无知和盲目的结果，而非事实。忽视思想史、忽视消极面的存在的幸福哲学也忽视了文化的多样性。局限在某些欧洲和西方有限的、经过筛选的态度之中，幸福哲学完全看不到在中国、在印度的人们是如何看待幸福的。或者说，他们根本就不去看。

弗朗索瓦·于连（François Jullien）在其《养生：远离幸福》（*Nourrir sa vie. À l'écart du bonheur*）一书中展现了中国文化是如何有别于

希腊文化或其他西方文化，远远离开幸福的。然而希腊人却将幸福当作存在的目的，视其为我们所有努力的终点。要明确非常重要的一点：幸福这一终极目标一直以来都不确定，也达不到，于是被人们不断地重新定义，然后重新梦想。中国没有停在这里。

中国人的存在观丰富着激烈人生的观念，关注转变的进程，试着预估进程的走向，与进程步伐一致，但这些进程并没有同一的、既定的目标。这一存在观揭穿了“所有人都渴望幸福”这一断言。弗朗索瓦·于连强调：“中国思想基本上没有谈到人生终极追求的部分，因此也没有明确人一定要获得幸福。或者说，他们并不关注幸福。”

坚持不加质疑地声称“所有人”都想要幸福，向毫无例外的每个民族，甚至以不同方式生活的人们都投射一幅看似普适、其实仅仅适用于西方的简图，这种对文化和文化间差异性的忘却让这样的理论在中国行不通，同样，在印度也行不通。

不用太过深入印度错综复杂的阶层和印度人发明的多种生存身份的概念，只需要重申两个基本点。希腊人觉得地狱中有魂灵生活，基督教认为死后永生，印度人则相信永福，即崇高的幸福永恒存在，即从死亡与重生的循环中的逃脱。幸福在于永不再生，永不再世，永不再陷入循环。另外，对于这种消亡、这种涅槃谁也说不清楚，因为它们存在于我们的存在之外，难以猜想，难以估摸。谈论至福的话语都是诳言。只有沉默才具价值。在这里，显然，印度人的幸福与西方语境中的幸福谬以千里。说印度人“渴望幸福”也和欧洲人对幸福的渴望完全不同。

如果我们拒绝回避文化差异性，那就要再一次放弃“所有人都想要幸福”的断言。或者，我们也可以接受对这断言稍作改变，稍加补充，不再对其中显而易见的事情提出问题。但是幸福哲学不仅忽视了文化，还忽视了道德。

忽视道德

为了支撑人人都想要幸福，而且只想要幸福的理论，还需要忽视一件事情，那就是道德。一旦涉及道德问题，就很难断言对幸福的渴望的普适性。至少情况会变得更为复杂。如果所有人都永远想要幸福，那么，该如何理解成千上万的人宁为玉碎、不为瓦全？宁愿在战场上死去，也不要躲起来偷生？宁愿冒风险反抗，也不愿屈从？

还是说，他们希望通过自我牺牲的方式“获得幸福”？或者说，他们想要“获得幸福”，但是因为有更为重要的、更为紧急的事情要做，所以放弃了？又或者，他们决定将幸福的权利留给他人，而牺牲自己？但又是以怎样的名义？背后的动因是否是超越幸福的存在？幸福以外的存在？那是什么呢？

幸福哲学从不自我询问为什么有人相比于幸福可能更偏好正义、自由、尊严、救赎，或者更偏好复仇、谋杀、摧残，他们又是怎样取舍的。这些例子如此常见，又如此明显。幸福哲学更不愿探究可能让幸福退居二线、叫人放弃幸福、将幸福推至其他好恶之后的因素。

总的来说，这其中被忽视的就是道德。幸福似乎占据了它的位置，因为幸福成了终极之益。幸福哲学还需要大费周章地说明没有什么胜过幸福，没人想要幸福以外的事情，也不满足于现在拥有的状态。因为，显然，事实并非如此。英雄与壮举的历史和小人与黑暗的历史一样充满无以计数的例子，在这些例子中，幸福是牺牲品，为了更具价值的事物而毫不犹豫、毫不动摇地牺牲。

无论出于怎样的目的，有多少殉道者，又有多少燃烧的头颅，自愿地投身无法摆脱的不幸和可怖的风险之中，却没有一秒钟顾虑过自己的幸福？或者说，他们毫不遮掩地击沉自己的幸福之舟，坚定又骄傲地经历更崇高的冒险。在这些没有幸福的人中，满足于自己使命的人不计其数，甚至不曾迟疑将如何自我拯救，不曾考虑自己的未来和舒适，不曾想到危在旦夕的幸福这一被我们的新神甫们视为全宇宙都必须渴望的显而易见的事情。

为了让人相信幸福指挥人生，幸福建立人生规则，设立不可绕过的目标，幸福哲学不得不固执地抛开道德不管。而道德则可能尖锐地与幸福对立。这不代表幸福和道德一定是不相容的。做一个有道德的人并不代表着做一个不幸的人，这样的想法很荒谬，但是个人的幸福总是有可能因为更重要的事情而被推后。

加上这点，幸福哲学真的忽视了很多事情，坚信了很多值得批判的“显而易见的事实”，回避了很多的问题。幸福哲学倾向于忽视哲学，忽视历史，忽视心理现象的复杂性，忽视文明的多样性。这种幸福既脆弱又昂贵。和幸福哲学坚定的口吻相反，这种幸福完全不坚定。的确，这种美妙的保证还面临着其他问题和异议。

-6-

哲学能带来幸福，真的吗？

古代思想肯定这一点：“哲学是通过话语和推论给我们带来幸福人生的活动。”塞克斯都·恩披里柯的这句话（经常错误地被认为是伊壁鸠鲁说的）几乎能够成为所有古代思想的核心语句。因此，塞克斯都·恩披里柯是个怀疑论者，这点不重要：伊壁鸠鲁派、斯多葛派和犬儒主义者都自愿地接受了这一论断。塞克斯都·恩披里柯是个晚期作家，这点也不重要：

柏拉图早就给苏格拉底的嘴巴灌入了一样的论断，而亚里士多德的教学同样朝这个方向去。

确实，大部分古代思想家，无论是希腊的还是罗马的，无论是古雅典的，还是晚期罗马帝国的，都可能认同这一论述。这一论述简单而清楚地凝练了古代西方的核心信念：哲学产生幸福，哲学能使人幸福。几乎所有的古代人都赞同这一点。

但当谈到达到幸福的方法时，分歧很快就出现了。而谈论到哲学的定义问题以及哲学带来的生活类型时，分歧则更为明显。但这些分歧是次要的。首先，所有的哲学学派都围绕着这一中心思想达成根本一致：理性思想使人获得幸福人生。

需要强调这一论断的独特性，就不要犹豫将已然钉在板上的钉子再敲深一些。因为这一论断陈述的内容的界限非常清晰，同时又非常特别。这一论断不在于泛泛地断言哲学带来幸福，重点是塞克斯都·恩披里柯首先将哲学视为一个“活动”。幸福不是给予的、接收的，不是由上帝、偶然或命运分发的，幸福是要去建构的、制造的，取决于我们的行动。

另外，这一哲学活动清楚地与其他所有活动有所区分。诚然，第一眼看来，所有的活动都可以使沉醉其中的人获得幸福。想想那些高尔夫、桥牌或扑克玩家，这些游乐充满他们的幸福生活。论断非常具体地表达，哲学活动与其他活动的区别在于它的“话语和推论”。

或许有人会认为宗教、魔法、文学或别的什么也是这样的活动，它们也都由话语构成，通常也都需要推论。然而，哲学完全不是通过虚拟的方法、想象的思辨、不经论证的假设来获得幸福人生的。哲学话语应该是真实的，哲学推论应该是有效和强制的。事实是这一活动的中心，而逻辑是其规则。

当真实带来幸福

真实要求我们稍作停留。古代人赞同的说法其实是“真实让人幸福”。甚至还要加上：马上、此刻就让人幸福。对他们来说，哲学不是在遥远将来的某一天带来幸福。哲学“产生”幸福，“产生”是现在时的动词，这里，此刻。真实保证即时的幸福。完美而不加掩饰的真实带来一种至乐。协调而严谨的逻辑让人生幸福。但这是为什么？又该如何做到？

我们再次感到惊讶，因为这样的想法中一切都不太合理。认为真实让人悲伤和绝望，认为逻辑无聊、封锁生存和思考，这样的想法毫不荒谬。如果相信，甚至可能只有错误才能带来幸福。为什么与真实相对的虚幻不能是我们唯一的安慰，我们的舒适，我们的庇护，甚至我们的王国呢?

幸福与哲学的联结，也就是说，幸福和真实的联结，在古代哲学中盛行，在之后的哲学中也如此吗？答案显然是否定的。古代人在哲学、人生和幸福之中建立的联系被切断了。以至于直到近代，几乎没人捍卫过这样的哲学记忆。哲学如此这般地与幸福分隔，甚至与存在的转变分隔，以至于古代人的文章自身都被读作纯粹的理论体系，而不是重塑人生的尝试。

曾经如此靠近的哲学和幸福人生很久都没有再被相提并论，直到最近。而这一新的联系非常荒唐。多少世纪，一代又一代的智者建立了一系列推论，发现了数不胜数的真理。而他们中没有一人声称这些推论和真理让他们特别幸福，当然，除了个人的满意、理论胜利的骄傲、完成哲学道路的成就感。这些幸福不同于皈依愉悦的幸福，因为愉悦感应该来源于对其本身的寻找。

事实上，很长时间以来，哲学家们都不再假装逻辑能够带来幸福。他们甚至在很久以前就完全放弃了自己会被自己所研究的哲学改变的任何可能。随着哲学的发展，真理与幸福被分开了。在寻找真理的同时，哲学家们早已停止认为自己也在寻找幸福。从事哲学研究的同时，他们不再认为自己也在改变自己的存在，转变自己的渴求，尖锐地改变自己与自己以及自己与他人的关系。他们研究思想，解释概念，制定论证。他们试图区分真与假，而不是试图稳固自己的幸福。

那么到底发生了什么，使得古代哲学的理想最终消散，使得哲学家从智者变为学者，使得幸福不再占据哲学思考的中心位置？又发生了什么，让这种思想近来回光返照？让幸福哲学相信自己能够重新穿上古代人的长袍，重新让哲学逆着自己发展的方向，转过头来重新解释存在？

这就是我要试着解答的。历史很复杂，它绵延在时间的长河中，交错着多条线索。某些方面我在前文中已经进行了非常详尽的叙述。因此，这里我只会进行大致梳理，从总体上把握。从这段历史中我总结出了四个形象——智者、圣人、学者和哲学家，我将阐释他们的区别、他们的重合、他们各自的幸福。

从这四个形象出发，我将试着简明扼要地

追溯继承、分配和部分重合的情况。我的目的显然不在于书写一段关于幸福和知识的文化形象的历史，而只是在于让人更清楚地明白我们现在所看到的现象背后的情况，从而看清幸福哲学的幻象。

第三部分

幸福在哲学中的漫长旅程

我为“代表人情世故的

兄弟会”旅行，

在珍奇商品方面

也人脉丰富。

——查尔斯·狄更斯，《非商业旅人》

哲学思想中的幸福史有待撰写。为此需要沿着学派、作者和世纪的时间线索仔细地探究有关幸福之诺言的复杂延续，包括它们不同的构成以及它们之间的差异、断层和扬弃，因为正是这些部分区分了不同哲学学派以及它们对幸福的不同看法。

我的计划肯定不在于填补这一空白，那需要一本大部头，甚至好几本，写出这样的作品也和我的目的背道而驰。我只是想质疑幸福哲学，为人们找回面对幸福保证时应有的惊讶，面对无处不在的幸福颂歌时应有的怀疑。这样或许能够给公众领域的哲学赋予一种不同的职能。

为了达到这一目的，还是需要指出我们的时代处于怎样的阶段，这就需要回顾幸福和哲学关系转变的大致历程。因为，世世代代的幸福之间并不能画上等号，而各种各样哲学家形象——或者说学者形象——也不尽相同。为了把握好我们所处的阶段，以及明确我们经历了怎样的历程才来到这样的阶段，就需要绘制来时的路线。当然，只是大致路线。

如果说，今天，很多人天真地相信哲学有可能给人带来幸福，如果说人们相信哲学能提供工具、练习和建议让其能够近乎确定地建立起自己的幸福，是因为如今智者的形象与哲学合而为一，甚至代替了哲学的位置。哲学因为被视作智慧的部分或整体才被认为可以带来幸福。

智慧和哲学是一回事吗？从哪种意义上来说，在哪个层面上是一回事？在历史的时间线上，智慧和哲学又是如何相互竞争、相互靠近、相互远离又重逢的？这些历程是真实，还是幻象？如果我们想明白幸福哲学在怎样的历险之后建立起来，又落入了怎样的陷阱，回顾一下这些历程非常必要。了解历史有助于避免自己在这个问题上摔跤。

-7-

智者如何变得理性?

智者形象是通过怎样的方法与幸福化身联系起来的?答案看起来显而易见:作为完整人性、人类终极潜能的实现的化身,智者只会是幸福的。他克服了情绪、欲望、冲动,而所有这些摧毁性的波动都在影响着其他人,那些没有获得智慧的人,因悲伤而疯狂,因失败而轻率。

尽管如此,这一回答需要好好研究。实际上,假如今天我们想要幸福人生,我们第一个想到的绝不是智者的人生。拥有智慧好像反倒意味着这个人很严肃，无视享乐、愉悦、及时行乐和个人渴求，也就是说，无视我们通常所说的“幸福”。第一眼看上去，智者完全不是当代意义上幸福生活光彩照人的代名词。

然而，智者在所有传统文化中，都是重拾平衡、稳定、祥和的人，而且这一过程是不可逆的。这绝对不是纵情，不是及时行乐，不是露骨的、表面的、昭然若揭的那种“幸福”。但是智者或许比别的什么人都能更好地体现出幸福远离了焦虑、恐慌、无用的忧愁、无谓的野心这一点，而且一旦远离就永世摆脱！在艰辛的幸福之旅的尽头，绝对不能忘了智慧。

因为在试练、练习、尝试之后，智者最终从让其他人苦苦挣扎的多重困境中逃脱出来。因此智者的人生中没有不幸。但是，人们太频繁地忽视，智者对偶然的幸福也不感冒。因此不能确定地说智者体现了我们所说的“幸福”。实际上，智者的处境充满悖论：智者避开幸福就像他避开不幸一样。智者在别处，在这两者之上。

说智者是幸福的，也不是不可能。但这是对词语的一种滥用，一种非常不准确的表达方式，因为所谓智者的“幸福”，即使存在也和其他人所谓的幸福没什么关系。很有可能大家以为的幸福都是错的，只有智者的幸福才是唯一真实的幸福。然而，这种智者的幸福和人们渴望的幸福如此不同，更不必说与 21 世纪消费者们的幸福之间的差异，所以很值得质疑为什么要将智者作为当代幸福的模板。另外，我们还需要明确自己与智者群体之间的差距。

为了体现这一差距，回顾一下不同传统中

的智者形象的共同点对我们很有帮助。智慧不是科学教义，甚至也不是严格的知识系统，而是有着或多或少不协调的一些整体，由理性和非理性杂糅而成，包含不同的信仰、奇异的时刻、传说和神话。但这种不同质性毫不妨碍智者赠予全人类那些人类史上最崇高的成就。

起初并不是理性

这些传统思想差不多出现在同一时期，即公元前 6 世纪到前 5 世纪，也就是卡尔·雅斯贝尔斯（Karl Jaspers）所谓的“轴心时代”。不同的文化中，毫无关联的各种思想奇妙地同时出现：中国的孔孟之道，印度的奥义书和佛教，犹地亚的先知，希腊的第一批哲学家和物理学家。因此，这一精神和思想的转折点同时孕育了智慧、一神教、哲学—科学研究的雏形，这些兄弟之后分开、独立、相互竞争。

智者形象在这一特殊的历史时期被具体化。其第一个特征并非触及幸福，而是触及知识，通过知识触及救赎，触及对人的存在之剧变的认识。有些人在内在圆满后成为“智者”，无论是心灵方面，还是道德方面，都是如此，而这一“成为”是建立在一定的知识基础之上的。这种知识让其拥有者发生转变，没有人能不受影响。因此，智者不仅比他人更为正直高尚，更在成为智慧化身的同时也成了美德化身。

这一知识 - 智慧让人改变了自己的思想，自己的渴求，自己的意愿，自己与他人的关系，还有自己与自己的关系。这种改变如此深刻而又如此剧烈，以至于从此以后智者完全地摆脱了存在的不幸。但是这种让其成为智者的“智慧”

并非理论知识，或一系列的观点、分析、概念。这种“智慧”是一种“转换器”。智者掌握的智慧让智者成了另一个人。这种基础知识关乎生存的意义，即抱有的目标或缺失的目标，并拥有赋予存在以合理性的独特权利。

这一知识-智慧总的来说经传授而得，而非通过自身发现。智者一定能够通过自己的内在直觉获得这种智慧，就如释迦牟尼在菩提树下大彻大悟。但是这种大彻大悟催生了一个新的智者门派，他们将这一初始的启示传授众生。我们通常认为这种知识来源于上苍，或者“绝对”。婆罗门教的人说“天启”，意为“听觉”，《吠陀》的启示，从而体现出智者们“听到的”并不是神本人传授的意愿，《圣经》和《古兰经》中都是如此。但是通过宇宙的直觉，智者内在的话语表达了真理。

需要强调从一开始光亮的、获得奥义的智者形象和哲学家形象之间存在差别，甚至和古代版本的哲学家形象之间也有不同。如果人们忽视这一原初的差异，我们就再也无法把握接下来发生的事情，而幸福哲学正是这些事情最新、也最拙劣的化身。

最初区分智者和哲学家的东西非常简单，就是他们的知识，这一改变其拥有者的东西，让拥有者从简单的人过渡成为完美的、明白的、解脱的人的东西。而这种知识不一定是逻辑！这一知识 - 智慧并不一定出现在言论中或语句中。它不是由连续的表达组成的教诲，而是一种懂得。矛盾的是，这一知识甚至可能无法用言语表达，或者几乎不能说明。

这种智慧是需要传递的，从大师到门徒，经过一系列阶段，包括试练和秘密传授。这种知识-智慧更多地扎根在历练中，而不是论述中。道路是渐进的，智慧逐步被体会。知识-智慧应当有自己专属的意义，这种知识成了智慧的载体和化身。

我再一次强调：这一过程和理性思考无关。传递的过程中总是存在一些元素，如手势、情境、条件……这些元素一开始会让学徒们感到全然荒谬、不可理喻、精神失常。这些元素甚至会一直与正确的方向背道而驰。它们让学徒们震惊，难以接受，不可忍耐，想都不敢想，甚至觉得耻辱。实际上，走向智慧的过程牵涉到一种诞生或一种重生，这是秘密传授的重要主题之一，而这一主题既不理性，也不理论化，甚至都不符合逻辑。

在老师的引领下，学生们完成了足够的自我转变，他们开始“懂得”他们曾经觉得难以理解的部分。他们会将曾经觉得难以接受的部分融入自己的思想。最终他们会觉得曾经那么难以相信的事物是这样显而易见、自然、天生、直接。从这点上来看，我们所说的智慧离哲学十万八千里，因为哲学只信奉概念、演示和论证。

达到智慧，也就是说，这个不真实的状态，凌驾于幸福和不幸之上的状态，无论在世界上哪一种思想传统中都从一开始就和理性无关。话语、论证、概念都不是达到“智者幸福”的必要条件。在某些情况中，它们可能扮演了某种角色，但都是次要的角色。逻辑思考能够加把劲，但永远不是初始力量，也不是关键力量。

从让人成为完满智者的“传授历程”的角度来看，逻辑解释似乎没有用处，论证也并非实质。尽管各种传统思想千差万别，但每种思想中的智慧似乎都是附体、精神旅程、拥有和剥夺的共同结果。智慧从来都不是概念化的产物，也不是分析和推论工作的结果。

希腊是例外

除了世界级的思想之地：古希腊。这里的智者们希望将理性话语作为他们的唯一工具，这里的智者是哲学家。

他们在理性智慧设想中以特别的方式改变了传统的启迪型智慧。或许，这是古希腊人最为重要的发明之一。有别于被启示的智者，被附身的智者，表现出无法控制的狂热和言语的智者，希腊人让这一理想之人受到理性的管控，让他的存在向真实的存在低头，逐渐了解什么是幸福。

这样的转变不是一蹴而就的，也并非不受

伤害、不留痕迹。古希腊首先出现了类似萨满-智者的大师们，德蒂安将他们称为“真相之师”，包括恩培多克勒、赫拉克利特、巴门尼德和毕达哥拉斯。他们既是预言者，又是占卜者和医治者，他们拥有各种“超能力”，如对前世的记忆，与动物对话，让风停止。这类在神话和现实之间游走的人物更像是先知，受天启的大师，念诵神谕、谜题、警言的诗人，而不是推演结论的哲学家，他们不靠清晰严谨的论文支撑，不去面对辩驳、异议、反论据。

在我们通常定义的哲学家，即活跃在讨论空间中、参与辩证斗争的人出现之前，哲学家都是受天启的智者。他们有时通过神谕表达，比如被称为“晦涩哲人”的赫拉克利特，他用隐喻表达自己直觉的事实。他和毕达哥拉斯一样，都与对直觉的实践，对神秘的崇拜，对食物、衣着和手势的避讳相联系。因此，很难将他们视为第一批理性学家，因为后者只通过观察、论证和逻辑猜想来探求真相。虽然这些古希腊人也会这么做，但这些过程并不是他们唯一的工具。

实际上，南辕北辙的形象之间有时也有交集，扎根于直觉和幻象的古代智者和只将理性视为探求、行进和皈依途径的新智者之间也有共同点。有时我们会忘记，在古希腊，sopho 这个词既指“学者”，又指“智者”。因此，所有的认识都应该伴随着思想交换。但是这种暂时的重合不能掩盖智者一词含义的剧烈转变。

新的智者所信奉的理性、逻辑和可论证的事实会将他们带向智慧。他们将自己称为“哲学家”。因此，他们只将自己视为简单的“智慧找寻者”，视为不会假装掌握终极真相的普通人，他们掌握的只是指向终极真相的愿望、线路和追寻方法。他们认为智者的时代已经过去了，先知的时代已经终结。我们还没搞懂，甚至没有听到天启智者的神谕话语，那个时代就已经过去了。这一观点本身就让人悲伤。

人们认为毕达哥拉斯创造了“哲学家”这个词（philo-sophos［喜欢并渴求智慧的人］与sophos［拥有智慧的智者］不同），为了更好地表明：曾经有过智者，但是他们的知识从今往后都再也找不回。世系已断。这一形象再也无可触及。从此之后有的只是“在路上的”人。他们喜爱智慧，因此试图获得智慧，正是因为他们无法拥有智慧。但永远也无法保证能够到达智慧终点。

脑海中还留存智慧地平线并试图靠近这条地平线的“哲学家”（philosophoï），和获得完满智慧的“智者”（sophoï）之间的差距非常重要。然而，为了解释我们关心的问题，也就是幸福和哲学的问题，更重要的是明确从此以后，在古希腊哲学家们看来，想要成为智者，唯一的路径就是理性。这是大前提，也是一种独一无二的奇特之处。

对逻各斯的投标叫价

希腊时期和之后的罗马时期的智慧学派构建的不仅是对智慧的追寻、对通过跨越烦忧从而逃避不幸的渴望以及灵魂的安宁，更重要的是他们构建了一个具体而独特的方案，即通过且只通过理性工作和我们之前已经提到过的著名的“话语和论证”从而达到这一结果。因此，他们的创新在于认为理性可以达到善与幸福。

这是一种惊人的革新：理性、论证、演绎、辩证都成为了判断工具，而这些工具本身就足以改变存在。这一创新点让希腊成为世界智慧之乡，赋予希腊独一无二的地位。希腊人所做的其实是一种对关于智慧的逻各斯的投标叫价。

希腊人，以及之后的罗马人，终于选择相信真实能够催生人类的幸福。我们看到，这是一种较为特殊的幸福，一种毫无障碍的持续的幸福，平静，中立。也如同我们提过的一样，这种幸福离我们现在所说的“幸福”相去甚远。尽管如此，这的确是一种人生的幸福，一种人间的幸福，是人们希望通过演绎、冥想、精神练习获得的幸福。

随着基督教的汹汹来势，这种幸福被打得粉碎。智者的形象变得模糊不清，圣人的形象占据上风。他们之间的共同点少之又少。然而幸福哲学却说自己能够径直走进古代世界，重新找到希腊—罗马时期的幸福，就好像什么都没有发生过。要知道，世代以来，人类的形象经历了怎样翻天覆地的变化，幸福、哲学和存在之间的关系早已面目全非。以史为鉴可以让我们更好地衡量今天的忘却。以为可以舒舒服服、大步流星地跨过被遗忘的事实，大错特错。

-8-

圣人如何幻想闻所未闻的幸福？

一场大变动很久以前就毁坏了古代智者的形象，毁坏了希腊人用半身像雕刻出来的哲学家。没有必要把这场变动想象为一场突如其来的灾难。完全不同于风暴、飓风、龙卷风，这一剧烈的变动是一个极为缓慢的过程，持续了好几个世纪。但是它一样深刻、剧烈、持久，甚至从最底层开始颠覆了整个古代精神世界，导致了所有价值观的全盘转向。这场变动，就是基督教的诞生。

基督教的胜利带来了全新视角。古代哲学家们轻易地预判人能够成为“圣人”，比如，智者就是人得道成仙的例证。但是一个神可以自作为人，选择死亡，为了众生的罪孽牺牲，这对他们来说就不太能理解了。这一信条完全疯狂，和所有的理性相悖。对十字架这一所有基督徒信奉的东西的“疯狂”，从一开始就让大部分哲学家们惊愕和困惑，而那时他们还不知道自己被冠上了“异教徒”的名号。

这一价值观的转向也涉及幸福，涉及看待人生、身体、困苦和愉悦的方式。人间生活从此之后只是眼泪谷，唯一值得期盼的幸福就是获得永世救赎。自此开始，为了获得幸福，就要等待死亡。更有甚者，所有的人间幸福都可能带来罪孽，甚至牵连永恒极乐。身体成为罪恶，性欲是魔鬼，快感是毁灭，一切的标准线都改变了。以至于自我折磨、自我凌辱才是恰当的行为，用忏悔、斋戒、羞辱来自我惩罚都有助于在往生获得幸福。

这一圣人的幸福本身也让人难以置信。而这种难以置信不仅因为出奇，因为闻所未闻。到那时为止，所有幸福实质上都是人世间的幸福，人类的幸福，此生就可以获得。连哲学-智者通过一定的努力和完全的训练获得的幸福也是现世的幸福，就算这种幸福稳定而持久，它也是有时间限度的幸福。

相反，圣人的幸福几乎难以描述。它没有尽头，无法表达，与上天、永恒相关……这种幸福无法想象，也无法描绘。甚至似乎难以理解，因为它取决于上天的恩惠，以及人类的牺牲和美德。

这种简图式的描绘足以重现基督教在希腊文化主导的罗马帝国中的最后胜利，作为权力中心的教堂的建立显示了精神、意识、生活方式坐标的剧烈转变。

每个人都有自己的太阳

只需要一个例子就可以清楚表明，古代理想形象、哲学 - 智者和如今夺取权力的基督教圣人们虽然表面上行为举止类似，背后却有着怎样千差万别的意味。古代犬儒主义的奠基人之一锡诺普的第欧根尼生活在一个木桶（亦说是装死人的瓮）内，在雅典的时候他习惯于自我训练以增强体魄。因此，人们经常看到他大夏天的时候待在灼热的太阳下面，或者在寒冷的冬日几近赤裸地立在风里雨里。目的何在？在于不再被气温的变化影响，不再被冷热的难熬左右。

几代之后，叙利亚的沙漠中一位基督教圣人西门史坦拉也是如此这般日日夜夜地将自己置于恶劣天气之中。他有好几十年时间都生活在立柱顶端狭窄的平台上，想要躺下都很难。这位后来被第一批基督教徒敬仰的圣人忍受着夏日的烈火酷热和寒夜的刺骨寒风。那么，他和第欧根尼是一样的吗？只是表面相似而已。

他们的行为看起来一模一样。然而，实际上，他们的思想天差地别。对于锡诺普的第欧根尼以及所有古代智者来说，自我训练是为了减少受难的风险，习惯于痛苦以在自然中生活。如果说哲学 - 智者主动选择忍受这些不快，那是为了减少未来生活中的不快，避免受苦。

相反，圣人相似的主动受难则是为了日后

越来越多地牺牲和承担，并最终将自己的苦修、伤痕、身体所受的侮辱献给上帝，作为对肉体蔑视的证明。他增加自己在人间的不幸，他使自己腐坏而卑鄙的天性不堪重负，以在天堂获得永恒极乐。

哲学 - 智者相信天性中的幸福在人世间就可以达到，并可以用理性证明。圣人则渴望永恒的幸福，通过肉体的受难、自我的摧残才能获得的幸福。这一完全的转变伴随着哲学和哲学家角色形象的重大转变。在基督教教条的主导下，作为逻辑工具的哲学只能为信仰服务。哲学成为了“宗教的仆人”（ancilla theologiae）。哲学自身最应该试图证明的，就是神的启示所表明的。

为了回到理性知识、逻辑追求、批评论证，就得等到教堂监管的削弱，希腊思想的回归，也就是文艺复兴的到来。肉体、世间幸福、快感、对知识的渴求重新从多角度得到公认。希腊人的智者（sophos）和知识 - 智者也似乎在圣人身边重新找到了或多或少独立的地位。

不过这些哲学家几乎不再自诩为智者，而是学者。他们追寻真实，但不再追寻幸福。真实其实不能让人幸福。圣人的长期统治中断了古代哲学通过逻辑和真实获得幸福的美梦。智慧和科学相互分离。我们称这一时期为“近代”。一边是圣人，一边是学者。哲学在学者这一边。但是幸福不在。

-9-

学者如何中断对幸福的追寻?

从文艺复兴时期起，学者形象逐步代替了圣人形象。几乎没有人再自诩为学者 - 智者。从古代哲学学者 - 智者的双重形象中逐渐蜕变出科学家的角色。这一角色的唯一引导就是理性知识，他们用统一的方法，即知性，进行研究。他们使用的唯一工具就是笛卡尔所谓的“道理和理性”，也就是说“区分真与假的能力”。从古典时期起，哲学家不再是智者，亦不是圣人，而是理性的人。从那时候起，哲学家更多地与学者相提并论。

不能忘记的是，直到 19 世纪，哲学家们同时也是数学家、几何学家与代数学家、物理学家、化学家、医生、生理学家、经济学家、生物学家、博物学家、地理学家和地质学家。知识中理性理想的优先地位在他们道德观的建立中也有着一样的体现。各种形式、各种内容的科学相较于古代理想智慧都占据上风。拥有知识比生活更为重要。人们不再专注于改变内在，而是希望建立外在的确定性。这些确定性在于数学、宇宙法则、物质运转，而不在于谦逊、克制或勇气。

诚然，智者的理想形象还未消失，他在这里或那里存在着，在多个层面上与哲学家平起平坐。我在《智慧的英雄》（*Les Héros de la sagesse*）中证实过，蒙田、斯宾诺莎，包括尼采，甚至维根斯坦的思想中，都存在着传承古代传统哲思的断言和忧虑。尽管如此，向着科学的突然转向是不容置疑的：哲学从古典时期，到启蒙时期，包括 20 世纪，都在思考的核心问题不再是生活方式、自我转变，也不再是幸福，而是知识、真理。

这一转变带来的风险在拉伯雷看来随即产生。显然，这是一种“无意识的科学”，即没有智慧的知识。一种盲目的效率，不在乎自身价值、限制和结局。这是一种实践的胜利，一种对人性目的的忘却。当然，也是知识和人生完全的分离：研究不再关注人自身的转变，也不再关注幸福。研究是纯粹理性的、试验性的或技术层面的，总是在一定基础上与对真理的渴望相联系，但是在每个层面上都与主观性脱节。另外，学者不再一定是智者，他们可能疯疯癫癫，甚至有些危险，被没有边界的过度和野心主导。马洛创造了浮士德这个人物，他是一个与魔鬼打交道的学者。不久，人们就会发现，知识的能力强大到能做出更为可怕的事情，而且人们无法控制由此产生的影响。从今以后，掌握了危害能力的人都有潜在的危险，这与古希腊的哲学家概念全然不同。

消失的幸福

无论怎样，在启蒙时期，幸福都与科学和进步挂钩。幸福不再完全是一种精神渐进，一种个人的、内在的活动。幸福首先是摆脱束缚的集体活动，通过教育、知识的普及和思想的锻炼，社会进行了自我转型。社会迈向了更为独立、舒适和自由的阶段。工业和民主，文化和道德，医疗和教育……所有的进步都应该同时进行，而 20 世纪的野蛮人终结了这些美梦。

总的来说，古典主义哲学和当代哲学越来越不关注个人幸福，也不再试着获得幸福。甚至将幸福这个概念丢到一边。在我上学的时候，也就是 1960 年到 1970 年，占主流的还是一种作为理论建筑、认知系统、逻辑过程解释、抽象概念游戏的哲学。整体上来说和科学、技术紧密相关。幸福不在合理的哲学思考范畴之中。学者形象的长期主导地位似乎把哲学归到了形式系统和科学建筑那边。

这种“科学向哲学”当然可以不时地揭露科技的混乱无序，也可以反对科技反人性的面目，甚至批判科学形式主义带来的人情冷漠。尽管如此，哲学也完全不会去考虑个人幸福。

定义幸福、追寻幸福绝对不是哲学的范畴。驶向幸福、保证幸福、护卫幸福也不是哲学考虑的第二位问题。哲学计划中完全没有个体的自我转变。觉得哲学能够让学习它的人过上与别人不同的生活，这种想法在哲学家看来非常怪异。

这是半个世纪之前的状况，这时间跨度既短暂，又遥远。如此短暂的时间里，大众哲学中出现的转变让人惊讶，既没有经过深思熟虑，也没有被明确解释。

因此，幸福-哲学的爆棚，古代哲学思想的重现，对哲学关于“人生指导”的突然要求，这种哲学转向是如何产生的呢？

-10-

为何智者重现?

只要大致梳理这一过程就可以掌握如今智者形象在哲学中的重现的大致特征。在黄金的1930年代之后，随着“五月风暴”的结束、柏林墙的轰然倒塌和生态学的兴起，作为一种理性失败体现的情感占据了一定地位。理性的失败包括科学、技术、消费社会的失败，共产主义的失败，以及其他试图重塑新人的改革的失败。这种对意识的重拾时常充满争议，让人痛苦，同时复杂而无序，孕育出多种形式的对知识的失信。曾被赋予理论、科学、真相的力量，一个接着一个失去价值。

将人类从链条中解放出来的学者形象消失了。科学家成了会引发灾难的巫术学徒。学者-哲学家和纯理论家的形象也都遭到侵蚀。这些多形式、多因素的转变让学者和哲学家的形象渐行渐远。

渐渐地，人们发现，古代智者形象的碎片正在悄悄回归，被回顾、被纠正、被赋予了新的外观、被重新阐释。随着对科学和对地方宗教的反感，民俗化的圣人形象苍白无力，没人感兴趣，而旧时智者似乎重生光彩。这样，幸福哲学从墓穴中诞生，人们给它营养，给它穿上新T恤衫和慢跑裤，使出浑身解数让它在新天地中散起步来。

重新将古代智者形象奉为幸福教练的环境

与智者们真实生活的历史环境天差地别，这点对他们来说毫不重要。如今我们脑海中出现最多的问题，气候变化、人类克隆、思维机制、人口过剩等，都是古代思想家根本不会思考的问题。这对他们来说也毫不重要。

他们只看到那些关于真理、集体生活、获得自由、知识进步的哲学观念。你好，个体幸福的奥秘！抛开历史、抛弃理想万岁！再也不想征服宇宙，不管被掰成两半的人类历史，不相信绝对精神的只言片语。

整日思索的只有：如何能够不用受苦就走向幸福时光？如何奇迹般地免去努力、消极和不幸？如何最终漂浮于永恒的现在，不用承受一丁点存在的真实困境？这些顾虑勾勒出一幅让人欣喜的终极答案。我已经在我的《您的人生将是完美的》（*Votre vie sera parfaite*）中描述过：时代满足于消费智慧，将智慧以冻干的方式呈现，可以直接被食用、被消化，最好是便宜或者免费的。这种处理过的智慧似乎提供了一些方法，让人不用努力就可以获得幸福，没有痛苦就可以保留幸福，还能轻而易举地发现更加幸福的途径。

好像一切都不用付出代价，舒适，快速，从此以后保证每个人都能选到适合自己的幸福训练法，只要找到对的伪-新-智者，对的保证-幸福-哲学讲座，购买对的幸福获取手册。局势的这一突然转变依赖于一种戏法，而我要试着将这戏法公之于众。

尊严和正义优先

不如让我们想一想解放时期的法国吧。历

史学家告诉我们，秉持着荣誉和对社会正义的渴望，1945 年共产主义者如何为了自由斗争，为了更好的明天准备好牺牲一切。而基督教徒们则更为强大，他们认为永恒救赎比及时行乐更可取。没有人完全蔑视舒适和成功，但是个体幸福真的不是这些人的潜在目的。相比于个体幸福，人们毫无疑问更渴望责任、正义和尊严。

我不得不再一次发问：我们是如何从这些严峻的时代过渡到今天，这个幸福和作为帮凶的哲学占据上风的时代？我们究竟一起走过了怎样的路，以至于几乎所有人都默认人生的实质在于个体发展、个人愉悦、内在满足？又是为什么，哲学家们如今会走向这个方向？

历史学家雷米 · 帕温（Rémy Pawin）在对法国社会集体的描绘中重新追溯了近来势不可当的主体享乐这一观点。这种倾向来得很迟，且步履缓慢。加缪还这样回答西蒙娜·波伏娃："是的，如今的人们觉得幸福，这种耻辱叫我遗憾。"同样的句子，二十年后，就变得难以理解。不再耻辱！相反，自我重视从今以后成为新的义务。重要的不再是公正或者虔诚，而是幸福，个人的、个体的幸福。渐渐地，私人生活超越了公共生活，存在超越了作为，享乐超越了真善。

计算用以讨论幸福的出版物的增长（1960年到2000年增长了六倍），细看大获成功的电影以及它们的变化，回顾民意调查的结果，历史学家雷米·帕温突显出集体转变的突然性。然而，他没有说明原因，也没有说明哲学如何参与其中，没有说明哲学通过何种魔力突然希望重新穿上古代长袍、重新申明旧时智慧。

我的猜想是，战后的疲惫、消费的厌倦、

政治神话的破灭导致1960年以来社会中享乐渴望的逐步回升，最终与哲学遇到的多重危机相逢。大众对于复杂的理论和书写意兴阑珊，不再乐于关注自我角色和自身定位。

哲学不能再将自己定位为一门科学。而且，哲学还没能将野蛮禁锢在世界边缘。哲学在多个层面上都丢失了自己的领土，无论是认识论上，还是道德上、政治上、美学上。它唯一还能自由讨论的、有信心重拾的，只有长时间以来荒废的、关于如何生活以及如何更好地生活的主题，关于幸福的建议。当强烈的社会需求转向哲学，恳求得到关于幸福的建议，许许多多的哲学家们并没有因为害怕而逃走，或是因为这一荒唐的请求而大笑，而是重新开始阅读古老信条，加热残羹冷饭，修补失色的旧画。他们是这样轻率而冒失。

第四部分

背景画

这就是幸福

和美德的秘密：

去爱我们不得不做的事情。

——阿道司·赫胥黎，《美丽新世界》

幸福哲学的支柱没有那么坚实，也不像谄媚者说的那样，深深地扎根在难以撼动的显而易见的根基中。我觉得自己已经阐述过为什么作为幸福哲学根基的这些显而易见的事实应当受到质疑，通过调查，很容易就可以发现它们的问题所在。然而，我还要提出一些别的问题。这些问题处在争论的背后，在背景画中。大多数时候，这些问题和之前的问题一样安静地溜走，但这些问题其实更为尖锐、更为严重。

在我看来，人们常常忽视这样三个关键性问题：

1. 哲学是否能够“带来”什么？哲学真的

有实践能力、效能和影响吗？如果有，在何种意义上？又作用于什么？

2. 几代哲学家都没有再谈论的幸福，是通过怎样的途径回到了我们近期的言论、作品和考量中？这个问题的答案中有一部分在前文已经出现，我希望在下文中进行重申和补充。

3. 20 世纪版本的幸福是自由的还是奴役的？幸福哲学家整日描绘和规定的这种幸福是否是一种治安、控制和统一的工具？

我不想装出一副自己可以解决这些问题的样子。我也不会给出“那个”终极答案，不管那个答案存在与否。但是在我看来，这些问题非提不可，而且要尽可能清楚地提出。因为如今的人们太频繁地无视这些问题的存在。

-11-

哲学是否能够“带来”什么？

“如果哲学不能帮助我们获得幸福，或者让我们更加不幸，那么哲学有什么好处呢？”安德烈·孔特-斯蓬维尔这样说道。这句话体现了他在多篇论文中阐述的观点。其他一些哲学家也持类似的观点，他们在哲学中首先看到一种转变人们生存方式的可能性，当然，在他们看来，这种转变是积极正面的。

事实上，数不胜数的论文和思想家们都在不断重复，如果哲学不能改变我们的人生，它就不值得“一秒的研究”。这种形式下呈现出来的是一种奇怪的论断，因为这一论断本身看似天经地义（“什么都改变不了的事情，丢到一边比较明智”），其实却是一种对价值的平庸判断，缺乏辩证思维。其实，这种形式呈现的论断是一种谬误。

的确，有成千上万的事物值得人类花上整日整日的时间，而不值得研究的事物通常是“没一点用处的”那一些。比如说收集藏品，制作艺术品，雕琢装饰品，谱写组曲和舞剧，这些都需要可观的时间投入，长期的繁重工作，鉴赏评估，多重手法，然而它们的直接运用价值，即实用的、即刻的利用率，相比于付出的努力，不说是九牛一毛，也会被称作微不足道。因此，我们也可以认为，对我们的个体或集体生活毫无贡献的哲学也可以需要大量的努力，而且有些人自愿地奉献和付出。

这种表达方式其实想说的是另外一件事情：“如果人们为了哲学自讨苦吃，是因为哲学能够改变我们的人生，让我们更加幸福。”否则，人们就不会这么心甘情愿地吃苦了！这次，我们面对的，不再是对于哲学作用的宣扬，而是对于花在哲学上的时间的辩白：这些时间花得合理，因为最终我们看到哲学为我们的人生带来的改变。

因此，每个人因为一个预期理由原地打转，而得不到任何证明。如果我们有必要为哲学作出牺牲，是因为它改变了我们的人生，如果哲学能改变我们的人生，是因为……它有这个能力！

然而，不管人们是在原地打转，还是这样的观点仅仅被提出却没有被证实，还是哲学的效能作为公设被断言，却完全没有立足之处，好像都不重要。因为这一大前提在哲学思想史上扮演了重要的角色。从柏拉图和一些古代智慧学派到我们如今的幸福哲学神甫，始终贯穿着一条红线，这条红线上辫着不同但相似的绳索：理性有能力指引我们，转变我们，驯化我们的野性，管理我们与他人以及我们与自己的关系。同时，它还能形塑社会，平衡权力，往远了说，理性甚至还能改变世界。

这是真的吗？这个问题现在几乎没人再提了。好像这个问题不合时宜，没有礼貌。然而，人人都能轻而易举地察觉到改变存在的机制之间存在着巨大的效能差异。从这个观点出发，试着比较宗教和哲学，结论就呼之欲出。宗教信条，宗教崇拜，对人类思想的各种精神控制，当然还有宗教催生的狂热，这些对历史、文明和个体产生的影响，都是哲学从未有过、也永远无法达到的。

如此之低的效能

乍看之下，就算人们认为哲学有一定的效能，带来的效果好像也微乎其微。或许哲学也改变了这个或那个人的生活，一个团体，一个学派，一个小社会……但是，总的来说，在二十五个世纪的哲学体系、争论、批评、危机之后，假装承认暴力已经减少了，政府司法进步了，和平更加稳定了，这本身都让人不自在，更别说将这些归功于哲学了。

尽管如此，有些人还是对一些国际机构的建立、这些机构的防线避免了一些战争的爆发持有正面态度，并认为哲学在这其中占有一席之地，这么想也有些道理。无论怎样，重点在于认清这些非常有限的进步仍然处在边缘化的境地。世界在前进，但是极其缓慢、微弱，相对于哲学的宏伟意图和远大抱负来说相当失衡。

因此，认为哲学没多大用的人不是没有道理。总的来说，哲学没办法“带来幸福”，就像它没办法“带来和平”、“带来正义”或“带来真善”。应当明确在二十五个世纪的哲学探索之后，在各种研究、出版、授课、大学教育之后，世界似乎并没有真的被改善，世界没有真的因为图书馆、课程、学校和献给哲学的人生而转变。

一方面，是哲学表达的，是哲学家对哲学所期望的、哲学家认为哲学能够完成的；另一方面，是哲学真正的影响。两者之间仍然有着一定的差距，甚至可以说是一条鸿沟。或许成果不是完全为零，哲学也并不是完全没有意义。

但是效果似乎一直甚微，处在边缘、附属、次要的位置。尽管所有或浮夸或悲壮的言论都在与事实唱反调。特别是古代哲学家们。

治愈人生

因为古人的远大梦想正是将哲学视为治疗法，一种“治疗灵魂”的方法。医治 - 哲学自认为能够通过理性治疗人生，并通过这个过程让“存在获得健康”，如果我们能这么表述的话。普罗提诺用最为简明扼要的词句表达：“不能治疗任何人类苦难的哲学是空无的。就像不能治疗身体疾病的医学是无用的，不能治疗人类苦难的哲学也是无用的。”

普罗亭诺斯的这个学徒是一名“新柏拉图主义”哲学家，一个相对晚期的作家。但是他的言论并不只存在于他的学派之中，甚至不只存在于古代思想之中。相反，这种想法在整个希腊和拉丁哲学界中都相当普遍。苏格拉底将哲学与医学比较，伊壁鸠鲁同样如此，还有塞克斯都·恩披里克。描绘身体的医疗词汇和描绘灵魂的治疗哲学词汇相互渗透，两者都关注紊乱、治疗、痊愈、平静。人们甚至像在手术中那样谈论思想上的切除和截肢，将无用的欲望截肢，将苦难切除。病人治愈了，最终达到了哲学上的健康状态，找到了之前缺失的幸福，并且从此以后再也不会将其丢失。

这样的概念让所有古代哲学学派跃跃欲试。尽管它们之间存在相当的差异，但所有学派都一致认为治疗哲学的确拥有单向改变人类存在的能力，让一个普通的、反常的、混乱的人成为健康稳定的智者。他们所谓的幸福，是指成为古代意义上的智者，而不是现代意义上的消费者。

需要重新强调古代被哲学治愈的人的“幸福”和现代我们渴望的“幸福”之间不可忽视的差异。在古代，即使是享乐主义的哲学家，比如伊壁鸠鲁，也强调切断欲望，进行某一种“截肢”，而完全不存在“及时行乐，无拘无束”的想法。伊壁鸠鲁，就和菩萨一样，自比为一名外科医生，去治疗，去矫正，同时也去切除迷思，以达到某一种平衡。

他们的问题不是：“你们会为哪种满足折腰？会为哪种愉悦让步？为了获得幸福，你们会实现哪些渴望？”他们的核心问题恰恰相反：“你们需要避开什么？你们想舍弃什么？你们要摆脱什么？”伊壁鸠鲁主义，或是佛教思想，包括斯多葛主义、犬儒主义和怀疑论，都是苦行、舍弃，甚至“截肢”的疗法，这样的疗法比通过享乐获得幸福的方法丰富得多。

因此，为什么不重新信奉这些哲学观念呢？为什么不重新使用这些方法呢？就算它们和我们最常见的目标相差甚远，就算它们旨在另一种幸福，而不是我们公设的幸福，这些哲学疗法不也可以重获新生、重登舞台吗？在我看来，它们建立在一种对理性的能力、对哲学获得幸福的能力的过分高估上。这种高估不仅是我个人的看法、个人的评判，也并不是崭新的理论。在启蒙时代，人们已经这样认为。

如此模糊的概念

最好地阐述和证实哲学没有足够能力获得幸福的人是康德。

他展现了如何以及为什么幸福不是哲学的

任务，也不必是哲学的任务。每个人都有自己的幸福，但是不可能由此创造一个抽象概念。不可能有关于幸福的知识，不存在有关幸福的真理。

“幸福是一种理想，不是理性的理想，而是想象的理想。”康德这样说。所有人似乎都想要幸福，但是就像地平线，幸福是远远的理想，不确定，难以表达。这里，朦胧而又不确定的想象是主角，而非精准、明确、清晰的理性。没有确定的事实让我们知道幸福可能是什么，因为没有任何关于幸福的知识。因此，作为理性知识的哲学完全无法作为获得幸福的手段！

康德的这篇文章具有根本性和决定性。如今，这么多的哲学家置之不理，好像这一论述不曾存在，或是觉得其没有价值，简直匪夷所思。

人们忘得更彻底的是康德的结论：关于幸

福，人们只能给出“建议”。建议和一个概念或一种知识完全不同。建议只是一种经验论判断的结果，根据这个或那个人说的，最好这样做。这是各种意见之中浮现出的统一，不管从哪种意义上看，它都不是真正的知识。

康德的读者叔本华既是他的学生，也是他的批评者，他在拒绝幸福和哲学间关系的道路上走得更远。幸福对他来说，不仅是一个模糊的概念，更是一种毫无价值的幻象。哲学不仅不应对幸福感兴趣，还应该将幸福视为最糟糕的迷思、最盲目的错误，并与其斗争。对于叔本华来说，哲学不仅带不来幸福，反而，哲学应该破除幸福。哲学的任务在于揭露幸福的谎言和不真实。理性不应该让人幸福。相反，理性让人明白世界是不幸的，存在即地狱。

极端吗？当然！但是，对我来说，这里重

点在于理性对存在所具有的能力。古人相信理性能作用于存在，叔本华几乎不信了，他的后人更甚。无可争议的是，当理性能力作用于物质世界的时候，它是极端的。世界的数字化和效率带来了科学进步，人类的存在被技术改变了。但理性只是作用于我们的渴望、我们的知觉、我们的情感、我们的生活，也就是说，是对幸福或不幸的种种影响中最弱的一个。

古代的幻想，也是经典的幻想，即哲学让人相信理性自身，通过其自己的能力，就能改变我们的情感，减轻我们的苦难，化解或彻底地矫正我们的欲望。这种幻觉在最伟大的哲学家中普遍存在，直至被现代哲学思想化解。这一巨大的幻想希望理性能够管理苦难，禁言它、阻挡它、疏导它、驯化它，甚至从真正意义上化解它。伊壁鸠鲁真的相信哲学能够“平息灵魂的风暴”。这种想法在之后的笛卡尔和斯宾诺莎那里也有体现。这一美好而古老的关于理性管理存在的想法既关乎个体，也关乎集体（包括自身管理和政治管理），但是到了 19 世纪，这一想法就几乎难获支持。然而，幸福哲学的谄媚者们却冒失地重申了这一想法。

为了让理性能够克制苦难，破除迷思，并就此保证稳定的幸福，理性就必须是独立的，处在情感和情绪的世界之外。为了区分情感和情绪的世界，就要打造各种不同的称呼来指代灵魂的不同部分，对理性思想和混乱肌体进行区分。每一次都需要将理性的明晰和苦难的混乱区分开来。理性需要在它自身的优越性中攫取战胜、摘除、主导苦难祸根的能力。

一旦理性和苦难的性质差别开始变得模糊，一旦界限变得混乱，一旦层次不清，理性的支配地位就会风化，它的控制力就会受到侵蚀。这样，“哲学人生”的计划就会不确定，或者不可能实现。保证的幸福也就此倒塌。这正是近几个世纪以来我们所看到的。不用整体回顾，只需要给出几个名字，就可以看到幸福哲学时常不攻自破。

还是要提到叔本华，他是第一个证明理性和人生的关系之紧密的人。理性既不在别处，也不是他者。理性恰在信仰、欲望、计划之中，建立在个人意愿之上，在他看来，不存在人生之外的理性。结果，因为理性完全属于人生范畴，所以它就不可能完全制服人生、掌控人生，也不可能改变人生。

尼采进行了更好的表述，更强力，更深刻。弗洛伊德从另一个角度解释，但方向是一致的，他认为理性被包含在情感、集体和个人历史中。

因此，如果我们承认这些作品的观点，我们就再没有办法想象理性不是被包含在强于其自身的力量之中。在具有自身的明晰和内在严密性的同时，甚至在无意识的状态下，理性也始终逐本能之波，屈从于逃开的过程。或许，理性可以部分地理解人生，但是理性不可能通过自身的力量剧烈地改变人生。

不是因为我“懂得了”一些事情，我的愿望就一定能因为我懂得这些东西而实现或消失！更常见的情况是，通过理性本身而实现的自我管理、人生管理、意愿管理、愉悦管理一点也不确定。总的来说，这种管理的确定性受到了叔本华、尼采和弗洛伊德全部的信条、文章和发现的质疑。而我只举了这三个人的例子。

因此，差不多两个半世纪以前，试图保证我们手握幸福钥匙的哲学出现了缺口。康德展现了理性受限，幸福并不是其能力所及的理想。叔本华让我们明白幸福是怎样一种永恒欺骗，人生经历和改造过的理性又是怎样既没有引导个体存在，又没有引导世界进程。尼采突出了理性的另一面，它的黑暗源头，它的幻象，甚至它的盲目，同时敢于宣告真理不会带来幸福，只有我们的幻想一次又一次地感动着我们自己。弗洛伊德也以自己的方式强调有意识的逻辑思维的界限，逻辑思想的相对无力，以及，想要将世界编入他们的图纸的哲学家们都是偏执狂。

这里，问题在于了解怎样的戏法让人们一下子忽视了以上所有哲学成果。特别是，哲学带来幸福，这一曾经似乎根本没人再信的观点，经过怎样的诡计和魔法的历史进程，在我们这个时代如此迅猛而惊人地回归。

-12-

幸福如何重新入侵哲学?

为了追溯这一让人惊奇的现象的源头，必须回顾一下历史。惊奇，这一哲学的首要条件，意味着保持距离，让出间隙，从而从另一个角度去审视眼下的事物。在似乎已然树立权威且毫无疑问、显而易见的事情中，我们发现了古怪之处，其来源、性质、可能的意义都遭到质疑。这正是我对待近来这种大众中普遍接受的“显而易见的事情”，即“哲学可以带来幸福”的方式。

还需要思考这样的古怪之处如何且为什么落入我们的哲思之中。这一汹涌的思潮以及它的影响催生了什么？为什么它得到大众的拥护，遭受的反对如此微弱？如果说哲学的幸福梦从古代以来就逐渐模糊，如果说圣人和学者都挑战了智者的权威、改造了哲学的形象和任务，如果说幸福这个概念本身已经被哲学批判、剖析和遗弃，如果说理性的能力受到质疑、限制和摧毁，被认为难以真正改变人生，那么在这几年中，哲学带来幸福的观点又是如何全面扎根，好像疯涨的潮水，却没人能预见？

我们不觉得惊讶，是因为我们都沉浸在作为哲学首要任务的虚假真相中，认为哲学就应该为好的生活、更好的生活、真正的生活而服务，也就是说，为幸福服务。这样的情况十分惊人。事实上，需要强调的是，如果说我们已经承认理性不足以改变我们的存在，承认幸福只是“想象的理想”，也就是说哲学既不能定义幸福，也不能规定幸福的措辞，更不能引导幸福，那怎么突然之间，这些我们已经认同的观点又被抛到九霄云外了呢？

在康德推翻了幸福，在叔本华、尼采和弗洛伊德质疑了理性的能力之后，我们如何能够若无其事地认为，仅仅阅读伊壁鸠鲁、塞涅卡和斯宾诺莎，仅仅通过哲学练习，即理性思考，就可以瞬间改变自己的人生？

这些问题的答案不仅处于哲学自身之中。有一些造成“幸福哲学”这一现象的直接或间接因素展现了哲学内部的转变，而另一些则属于社会史、政治史、意识形态史和当代史的范畴。我当然不打算将它们一一区分，更不会试图弄清它们各自的影响。我既不是社会学家，也不是历史学家。另外，我也不确定自己是否能够精准地了解这一多线混杂的历史机制。但是，给出一些假设还是有可能的，或许还有些用处。

一次名为阿多的改革

在哲学本身的范畴内幸福哲学的众多来源之中，包含一位伟大的学者和思想家的作品，他就是皮埃尔·阿多（Pierre Hadot）。这位法兰西公学院的教师让我们明白古希腊和古罗马的哲学家们并不首先是作家。书写的同时，他们为改变对世界、对他们自身以及自己感受的看法作出努力，以改变他们的自身存在。连他们最抽象的思辨（关于物质的、形而上的、天文的）都旨在以更好的作为理解存在，而不只是为了知道而知道。日复一日，他们全神贯注于哲学练习，为了将他们信奉的原则引入日常生活之中。

阿多的作品一开始处于地下状态，只在一些学者圈中流传，但最终它被大众所知，甚至被普遍阅读。近几年来，对于实践哲学来说，我们观察到利益不容忽视地卷土重来，这与阿多的研究带来的视角转变相关。

那么，他究竟证明了什么？本质上来说，就是我们阅读古代哲学作品的方式出了错。古代哲学家们不是系统的建立者，不是理论家，不是只为了润色、汇集和拼凑思想而工作的“知识分子”。他们不是作家，与我们当代的哲学家和大学学者不同，他们的主要任务不在于著书。

阿多强力、清楚、准确地让我们看到，古代的哲学家们首先是“智慧的追寻者”，他们通过智力活动追寻的目标是唯一的：改变他们的自身存在。阿多阐释了这些古代哲学家如何真正地觊觎作为一种疗法的哲学，将真理视为改变人生的杠杆，而非纯粹的认知对象。

这是一场革命。这场革命深刻、令人称道，我们可能没有全方位认识到它的影响力。这位伟大的学者自身看上去也像一位智者，他深深地动摇了我们对古代哲学的批判。他这样重新展现哲学改变存在的意愿，他强调哲学是一种“生活方式”，而不仅是一种“思考方式”。同时，他还赋予了古代哲学家们“改变存在”的意图。

阿多还展现出，那些该读的哲学作品，如今被何等忽视，这点也很惊人：许多我们认为可以被合理地视作纯粹理论的文章，实际上是“精神练习”。这些文章，就和马可·奥勒留的《沉思录》一样，写作的目的并不在于“成书”，而在于回顾白天获得的成果，并自省度过的时刻和完成的行动是否与追寻的目的一致。目的就是以斯多葛主义的方式生活，也就是说，智慧地生活，或者说，像一个真正的人那样生活。

还有，这位研究者让我们明白，从古希腊到古罗马帝国灭亡的十几个世纪中，哲学家们首先是想方设法地不一样生活的人，他们通过思想自我改变，试图这样真正地成为更公正、也更平衡的人，从而更加幸福地生活。我们要重申的是，这里所说的转变是一种激进、深刻而重要的改变，这一改变往往由一流的理论著作催生。

但是我们完全无法保证能够在现代哲学中唤醒这一古代哲学的范畴。或许阿多本人高估了这一可能性，并低估了历史的进程、哲学（特别是纯粹的逻辑）的进展、科学的进展，以及理论和概念的进展。可能他认为古代哲学存留的部分如今郁郁葱葱地重生了。

然而，要找寻幸福哲学反弹的原因，最主要还不在于研究阿多本人，而在于考察对他作品的仓促解读，以及当代数不胜数的糟糕理解和糟糕阐释。

然而，在我看来，阿多最主要的功绩在于从另一个视角来看整个古代哲学，他的许多读者都认为阿多革新了现代性，使其更为智慧、富有思想性，甚至更为幸福。在愉快地忘记历史的同时，在完全无视我再三强调的古代人和现代人之间的鸿沟的同时，他们仓促地、简单地、极端地视哲学的实质在于存在和实践。

探求智慧、追寻真正的幸福、自我管理、思想练习，阿多指出的古人的这些首要任务，也应该在今天成为首要任务。不加思考，不加顾虑，不加犹豫。这一阿多式的在现代性中对古代哲思的仓促树立是不可能的。这种不知廉耻地将两重世界重叠的想法，根本是一种幻想，而且有害。最糟糕的情况下，这一错误甚至会导致骇人听闻的后果。

其实有些人最后得出这种结论，并敢于表达出一种哲学的价值只在于其对存在造成的影响的观点。哲学家本人举的生活中的例子，从某种程度上来说是他思想的试金石。“让我看看你是如何生活的，我来告诉你你的想法是否正确。”这其中有非常多愚蠢的错误。首先是一种多重层面的严重混淆。实际上，存在“哲学生活”，这种生活赋予自我价值，而不用依附于文章。比如说，锡诺普的第欧根尼的生活，本身就是一种信条。他的作品都失传了，但这并不重要，因为他明确计划将自己的生活变为一种范本，在日常中实现一种与世界、与自我、与他人的关系。在这种意义上，他的存在本身就是一种哲学。而他并不是唯一的例子。

生活不能代表什么

但是我们不能说所有哲学家的生活都是哲学的。戈特弗里德·莱布尼茨的生活、康德的生活、黑格尔的生活，还有很多其他哲学家的生活都完全不能进一步证实、也不能削弱他们的哲学思想。读他们的作品、理解他们、讨论他们都完全不需要知道他们的生活状况，也不需要知道他们的生活事实和姿态。这么显而易见的事情，还需要重复，真是丢人。

然而面对畸形的偏航者，我们却不得不重复，因为他们希望哲学家的生活必须能证明其信奉的理念，或起反向作用。更有甚者，用难以名状的蠢话让人相信哲学家的生活模式会成为其信条真实性的终极标杆。试着去理解这样的想法完全是无用功，我做不到，因为不想又回到“就因为提出一种思想的人没有在生活中实践这种思想，那么这种思想就是错的”这种观点。如果一种信条已经被完善、被明确、被撰写，对于没有按照这种思想生活的思想家，又有什么好质疑的呢？

我一直在寻找，我一直不明白。一种科学、逻辑、数理的演示能够因为进行演示的家伙在生活中是一个缺乏条理、或多或少不理智、甚至精神上卑鄙下流的人，就无效了吗？思想家思考存在的伦理、价值、规则的事实在这些情况下完全不会改变。叔本华思想的神圣性不会因为他的个人生活而失效，虽然他的生活毫无圣洁性可言。不管是他讴歌舍弃，还是苦行僧式的理想生活，都不能阻止他在每天吃晚饭的阿根廷酒店里偷酱料。反过来说，他自私的食利者生活，他资本主义的单身汉生活，他反动的继承者生活，都不能影响其作品的威信。觉得其生活有悖其论证的严密性，这种想法完全是无稽之谈。同样的混淆也出现在对存在的谵妄和高估里，以至于存在最终成为唯一的标杆、对所有思想的单一审判。

无论怎样，这些偏航者和对阿多作品的胡乱阐释本身不能解释是什么使得幸福如此强烈地回归当今哲学。这些更多的是一种结果，而不是原因。如果不是这个时代突然寻求起幸福、寻求获得幸福的工具和达到幸福的练习，学术圈外几乎不会有人留意阿多的作品。那么，这一突然的渴求到底从何而来？

实际上，这个问题有两面性。一面在于整个社会，大众对幸福的迷恋。迷恋这个词还说轻了。应该说是一种沉迷，一种持久而多种形式的命令。过得不幸福成了一种耻辱，一种瑕疵。不想过得幸福比反常更反常，是一种畸形，甚至没有这种可能。这些众所周知的特性在 20 世纪的最后二十年中出现，而我们需要回想可能的原因。

但是也需要就另一面自问：为什么这么多的哲学家都放任自己随波逐流？为什么他们参与了、加强了、支持了这样的风气，而不是安静地保持距离，或严厉地批判？我们可以想象，即使哲学不参与其中，社会也可以越发幸福、越发舒适、越发关注“禅”和“酷”。简单来说，事情可以不同于今天的情况。因此，应该提出几种假设来解释哲学是如何走到今天这一步的。

我们先从社会说起，从最常用来解释发展中国家漫长的幸福主义的迸发和扎根的因素说起。人人都已经知道这些因素，只需要列举一下。20世纪的屠杀（纳粹、古拉格、世界大战）损害，或者说，摧毁了对理想、对文化、对进步、对科学，甚至对文化的信心。

从地球的这一头到另一头，向个人存在低头，放弃政治眼界的欲望，不再面对改革和歌颂的明天所带来的失望，对历史冲突的厌倦，这些统统获得了胜利。对世事的冷漠，对有待建设的社会的不关心占了上风。他们给房子结成的茧、个人的小幸福、简单的事物、宁静的片刻屈从让位……整个世界都开始渴望“平和地吃午饭”！

战争还在继续，恐怖主义扎根，冲突极端化……而关闭哨所的想法根深蒂固。人们相信从此以后谁都无法抗拒世界的脚步，都要担忧世界的进程，被各种各样的风险、消费主义、危机威胁，同时深信再也不会受它们的困扰，深信自己不会上当。从此以后，我们现代人更倾向于冲个澡，喝杯茶，边闻闻乳香，边读几条哲学家奉劝他们及时行乐的建议。

还需要知道，为什么有这么多的哲学家，哲学又为什么有这么多的任务，以讨好、迎合这种需求。概念性的、逻辑性的、数理性的或形而上的哲学又是怎样如此快速而彻底地被抛弃，让一碗建议人生和煽动幸福的糨糊大行其道？是允许兜售幸福的人混入了哲学家的行列之中吗？

有一种假设的可能性很高，它包含两个方面。一方面，哲学的雄心明显下降，哲学的要求、规模、严密性都逐渐被抛弃，同时出现了一类思想家，他们告诉公众他们想听到的东西，而不是真正考虑需要思考的问题。哲学处在内部危机的十字路口，离科学、进展和现实世界越来越远。而新神甫们则通过控制交流的方式，在幸福哲学的宣讲中找到了向他们张开怀抱的新事业。

另一方面，反抗精神本身成了日常消费的产物。然而幸福哲学把自己打造成社会批评专家，显眼而没有攻击性。幸福哲学宣称通过反消费、反工业社会、反资本主义、反进步就能获得幸福。这些幸福哲学宣扬的反抗完全不会改变现实世界，但是它让人觉得自己成了最终的胜者。从此以后，人人都有可能成为幸福之人，要做的只是将世界上所有的痛苦都丢到一边。真是自欺欺人。

-13-

作为奴隶的我们会幸福吗？

这个问题看上去可能很奇怪，甚至很惊人。因为幸福哲学家向我们吹嘘和兜售的幸福是安宁、平衡、自我掌控的事情。人们终于抛开了忧虑，找到了自我。那么，何来的奴隶呢？何来的奴役呢？显然，与之相反，幸福意味着自由，还意味着健康、营养、生态、对生物的尊重。这种禅意和潇洒的幸福明显和奴役毫无关系。恰恰相反，这种幸福体现了摆脱所有旧时限制的解放，所有迄今为止糟蹋人类、屠杀物种、劫掠地球的镇压的结束。

尽管如此，我仍然有些迟疑。因此，在我看来，最后再提出一些问题是合理的。万一，在吹嘘如此这般的安逸、如此令人渴望的平静、如此明显、如此有存在感、如此完满的意义背后，在这大量的自诩新神甫的哲学家让我们了解的灵与肉的安宁背后，其实是一种奴役、一种肮脏而强力的控制呢?

我不会指控我的同事和同侪们是监狱长、工头、苦役指挥官。我深信他们真诚地工作，以至于他们认为自己是同行中的佼佼者。如果说结果并非如此，我乐意承认他们对此一无所知。尽管如此，问题依然存在：在这平顺、悠闲、舒适的安逸之中，正在建立的不是一种标准化和约束化的大规模程序吗?

不需要思考是哪个秘密团体偷偷摸摸地制

订的阴谋、诡计、策划方案。如果这种奴役真的存在，它更为狡诈和隐形，也更让人害怕。这种奴役依附于愿望的一致，想法本身的格式化，存在和愿景的标准化，这种标准化好像一种纯粹和简单的麻醉。

新的幸福（伴随着镇痛剂和自然香味的幸福）促使我们不停地越发渴望平顺的世界和没有坎坷的人生。所有的“没有”都更好：我们的幸福是没有暴力的，就像我们的沐浴露是没有化学防腐剂的。幸福是没有冲突、没有苦难的，就像我们的菜没有脂肪、我们的花园中没有害虫一样。更为甚者，按传统的说法，这是种纯粹的幸福。就像没有温室气体的大气层。

没有冲突，没有压力，没有争论。除去、删去、减轻……削减、解构、摆脱……最终，我们变得朴素、健全、轻巧、泰然，我们就变得幸福了。

工作的同时，吃饭的同时，睡觉的同时，养育孩子的同时，做爱的同时，我们始终是平静的，因为我们是幸福的！最后，我们都成了自己的主宰……还是说，最终，我们都成了同一种存在形态的奴隶，成了清汤寡水的、没有情绪的、歪曲损毁的人生的奴隶？

因为这种幸福不是一种胜利，而是一种放弃。有的只是不确定的地平线，一种尝试获得的存在方式，永远也不能确定是否可以到达。这种幸福只是避开了不快，扫除了所有的烦恼，而且实际上还完全远离了自由。因为自由应该远没有那么平静，而是需要更多的责任感。这种寡淡、褪色的虚假幸福完全是个人自主和自主所带来的风险的对立面。这样的幸福更像一种新型奴役。

的确，我们可能受幸福哲学的影响，自愿地寻求自身的奴役，用自己的双手搭建起我们自己的隔音的、卫生的、除臭的牢房。在重新掌控自己人生的借口之下，我们可能正在奔向一种新的受控制、受压制的人生，表面上是逍遥，实际上是极权。

这一光鲜亮丽的极权制，看起来如此亲善，在可能是最好的托词的保护下（不是都想要幸福吗？有人反对吗？），显然不是一种对专制的顺从，不是对暴君的效忠。人们完全感觉不到极权政治的监控，感觉不到治安系统的限制。相反，感觉到的是成为自我，聆听自我，让自己幸福，停止自我施压……这种幸福，我们想要，我们寻找，我们参与其中。

自愿奴役

我推荐大家反复去读艾蒂安·德·拉·波埃西（Étienne de La Boétie）具有决定性的短篇论文《论自愿为奴》（*Discours sur la servitude volontaire*）。我们可以从文中看到，弗洛伊德之前的几个世纪中，人们是如何自愿接受奴役的。对拉·波埃西可以有两种理解。一种认为人民弄错了，错误地为他们的奴役和不幸努力。因此，只需要他们睁开双眼，或者有人叫醒他们，让他们站起来反抗，重获独立和主权。这属于进步-乐观主义的理解。另一种对拉·波埃西的理解则从他的文字中看出了人民对奴役的甘愿，他们甚至深深地渴望这种自我镇压。因此，是人民自己供养了暴君、选择了独裁，向专制者献媚奉承。

这种悖论而清醒的理解让人一点也高兴不起来。但是，这种理解能够阐明幸福哲学之谜。这种美化了的安逸是一种无意义的对存在的控制，白白地掉价、隐身、难以捉摸的强制，所有人都想要，还想要，努力想要获得更多的份额……

我可以想象，读者觉得我太夸张了。他们会反对说21世纪的幸福也没有那么吓人。因此猜想这样的幸福如此有害、黑暗和危险太过极端。但是我坚持我的观点，还要强调我的观点。我坚持认为人们向我们兜售、吹嘘、让我们渴望的幸福，是一种卑劣的东西。而且，我还想说说为什么。

我有三个理由认为这种幸福令人作呕。

首先，老实说，这种幸福是对生活的否定。生活是粗鲁、赤裸、野蛮、无序、无用、难以理解、难以预见、难以忍受而令人震惊、贫穷而可怖的。说生活本身是幸福或不幸的，这没有任何意义。生活是纯粹而简单的突然涌现、意外、创造力和无尽奇袭的组合。

因此，幸福哲学想让人相信，安详平和的，摆脱焦虑、不安、苦恼的，永远沉湎于一系列的愉悦、消遣、喜悦、微笑、甚至简简单单的安逸之中的人之存在更优。但如果存在仅此而已，那相当于否定了人生的力量。难以预见，没有原则，没有独立性，真正的、字面意义上的无序，人生总是和我们想要强加给它的不一样。想要把人生放进没有阴暗面的幸福模型里，说到底，就是想要抹杀人生却不想弄脏双手。因此，在我看来，这种幸福很卑鄙。

第二个原因在于历史和哲学层面。比如，古代人描绘的哲学幸福和如今人们吹嘘的幸福之间的确有着深刻矛盾。当我们阅读《高尔吉亚篇》，就可以发现对于苏格拉底来说，幸福与美德有关，要尊重善良，暴君不可能幸福，他们从愉悦到愉悦，从任性到任性，从暴戾到暴戾，既贪得无厌，又不稳定。

加利克里在对话中反对苏格拉底，维护“真正的幸福处在不停的、永久更新和重建的从愉悦到愉悦、从欲望到满足的过程的对立面”这样的观点。然而，如今的幸福大部分甚至全部都由一系列的快感、享乐、消遣和游戏组成。这样的幸福和苏格拉底以及古代哲学家教给我们的自由形态毫无关系。

不该忘记在苏格拉底和加利克里之间，在伦理哲学和没有迟疑的追求享乐之间，在道德人和权力人之间，是一种鱼死网破的争斗。哲学家和他们激进的对手最终拒绝了对话，人们渴望打倒苏格拉底，战争永远不会结束。没有任何人必须站在苏格拉底那边。加利克里赞颂力量、成功、暴君的幸福、不公的胜利。人们有权偏好这些，有权作出自己的选择。

在我看来难以置信、让人气愤的，是假装这种根本、永恒、斗争的对抗不存在。在我看来，如今的幸福很像加利克里吹嘘的那种，而非苏格拉底描绘的那种。可能，是一种轻微的、裹上糖浆的版本，但是，想要无限期地连贯堆积快感的理念依旧是核心。

再说一遍，并不一定非要选择信奉苏格拉底的幸福。但是幸福哲学的所作所为就好像这一幸福思想里没有无尽的冲突，好像可以在幸福中完成一种软弱的统一，好像人们可以调动苏格拉底，调动哲学，调动古代智者的形象来吹捧这些思想家们完完全全反对的自私享乐的人生。这就是为什么我觉得这种改头换面、乔装打扮、在幸福哲学中模糊的散乱幸福是一种卑劣的东西。

必需的快乐

我的第三个理由可能是最重要的理由。现在，幸福最卑鄙可耻的是其强制和必需的特性。表面上看，当然，所有人都是自由的。然而，这种幸福以其自己的方式成为一种绝对强制。这种幸福处处被规定，这规定虽然温柔，但是有效。

帕斯卡尔·布鲁克纳（Pascal Bruckner）一边宣称“永恒惬意”和“幸福义务”是实质精华，一边强调“这种强制是多么让人难以忍受”。幸福成为一种必需。寻求幸福是日常任务，构建幸福是唯一得到允许的目标。禁止不幸。梦想别的事情都不被看好。同样悲哀和荒谬的是他尽最大可能规定这种幸福，局限幸福的范围，为幸福消毒。

尼采在《查拉图斯特拉如是说》一书关于“末人”的篇章中完美地、相当超前地预见了如今的情形。末人的幸福是没有理想，没有努力，没有痛苦，没有边际。是一种平淡的、摆脱任何要求的幸福，仅仅是渴望平静。安宁的幸福，没有光芒、没有计划、没有努力的存在。平静地吃饭，再一次平静地吃饭，永远平静地吃饭，再无所求。

这种约束的缺失反倒成为自己最大的约束：不可能拥有翅膀，禁止张开翅膀，驱逐飞行航道、天空图谱和追求边际的梦想。大胆、冒险、勇气、忍耐、韧性……如此之多的古老词汇失去了用武之地，意义褪去。只有一丁点记忆，对未来只有一丁点寒酸要求。如今只有一件事情是绝对必需的：扎下根来，紧紧攥住自己小小的幸福。

这种末人的幸福如今成了全人类的幸福，显然符合了历史学家弗朗索瓦·阿赫托格（François Hartog）所谓的“现世论”（présentisme），从我们对世界和历史的再现中抹去了时间观念。不再考虑躲在黄金时代中的过去，也不再考虑可能改变的明天。昨天是模糊的，未来是含混的。在这个历史和未来都不再确立的世界，在理想不再被建立的世界，幸福的内涵立刻板上钉钉：及时行乐，过一天是一天，享受当下——因为除了当下，再也没有别的愿景。

当下，幸福保证的当下，包含了一切，从此以后，个人生活和公众生活一样，房子和工作一样。曾经某个时代——没有那么遥远，在人人都渴望幸福之前——人们视自己的职业为生计。工作不必是快乐源泉，而是一种供给需求、甚至供给生活的方式。事业，职业生活，不是幸福的组成部分，不是人生快乐和个人发展的首要因素。

近几百年来的一项重大创举在于让职业人生成为一项如此重要的事情，以至于通过工作，甚至只有通过工作，人们才可以真正变得幸福、快乐、有创造力、富有禅意、洒脱、有效率……现今幸福言论中玩弄大众的诡计之一就是见缝插针地把幸福到处塞，混淆生活和工作，让人相信在职业生活中人们的首要任务是感到喜悦。

因此，我们完全可以看到一种极权制：再也没有外面的世界，再也没有自由的空间，零外在。每时每刻，每个地点，每个人都有责任趋向幸福，也就是说，趋向健康、趋向“活力”、趋向享乐、趋向饮食—运动的结合、趋向每日五种蔬菜水果的生活……娱乐中幸福，工作中也幸福，公交车上幸福，在家也幸福，看着屏幕幸福，睡着觉也幸福。

完全是一种极权制，因为这一幸福的世界是一种同一的世界，没有交替转换，到处被控制，永远被监管，虽然没有真正的监管系统！乔治·奥威尔笔下**老大哥**（Big Brother）的旧日幻想再也不算什么。无须想象一个关乎世界幸福的秘密社团制订了一份行动计划，组织了秘密管理，到处安装了摄像头，通过监控器和心理管理专员监视着。并不是这样的。

而是每个人都潜在地监视着每个人。每个人都遵循着没人下达的指令。心理指令的维持独自运转着，而且运转得相当好。生活的标准化如火如荼地进行着，但大部分时候，却没有任何布告，甚至没人察觉。

因为幸福的诡计比旧日理性的诡计更多端，也更强力。当人人都宣扬着快活的时候，怎么能想到奴役呢？当每个路口人们都庆祝着诸如个人战胜体制的欢愉，怎么能认出这其实是一种极权制呢？

诡计就在这里，反抗和极权制属于同一个半球。这个半球以幸福为名，破坏性地工作，如同粗暴的监视者。它的反抗是一种标准，它的混乱是一种安全措施。这种人们想要拥有的幸福，只不过是一种卑劣之物。

因此，简单来说，哲学家们加入对这种幸福颂歌的队伍非常荒谬。赞颂幸福这个想法本身，以及更甚的，支持哲学可以帮助人们获得幸福的想法，与哲学的批判角色尖锐冲突。

为幸福编制绚丽的剖析花环，而不去揭露

其陷阱和恶意的哲学家们背叛了他们自身的角色。他们没有服务于自由，而是做起了奴役的游戏。

- 结论 -

再好不过了！

说到底，幸福哲学只是哲学的一种自杀尝试，哲学落寞过程中的一种消沉变形。这就是为什么它注定失败。

首先，因为哲学并不真正具备改变生活的能力。

其次，即使哲学奇迹般地改变了生活，这一改变的目的也不在于幸福，而在于一种难以想象的、模糊的理想。无论从哪个角度而言，这理想都是一个概念。

最后，如果人类最终意外地完全沉溺于21世纪的幸福，这将是奴役和极权之标准化的胜利。参与这样的胜利的哲学将自我否定并自我毁灭。

值得庆幸的是，哲学带不来幸福。至少我敢这样说，我在文中也是这样证明的。还需要补上一句：这再好不过了！下面我想简单地解释一下为什么。

这再好不过，从第一个层面上来说，大家已经明白了，因为没有一个哲学家想要这种幸福。哲学没能建立起这样的幸福绝对是一条好消息。Happy ending，道德安然脱险。

不过，这再好不过也是因为哲学的其他用途比禅意控制和幸福奴役更为重要、更有意思，甚至更为有效。就算哲学的能力非常有限，但也并非完全无用，最终还是会起到作用的。

在我看来，哲学不应该追逐幸福，而应该寻求真理。比如，哲学努力制定和修正集体行为的相关法律，质问权力和公证的意义，质问义务的合理性和可能性，质问司法及其内容。还有许多其他的可能性……每一次的哲学工作都在于增加可能性，划定我们未知的界限，扩充问题而非保证问题。

因此，哲学的高贵和责任在于维持不安。哲学存在的意义在于将思维放入困境，固执地建构不适和不安的系统，无论是思维系统、逻辑系统、道德系统、政治系统还是存在系统……这就是从最开始以来，组成哲学存在、意义和创造的东西。哲学以智慧和积极的方式让人坐立不安。哲学让游戏、让显而易见的事情、让思维变得复杂，也因此使得存在变得更为复杂、更为激烈。

认为哲学使生活变得简单，从而更安逸，这是一种幻想。如果哲学旨在减压、安抚、让一切形式的焦虑彻底消失，如果它的目的在于通过摆脱烦恼、问题和困惑，从而保障思维和世界的舒适生活，那么它将可鄙地自我否定。

虽然显而易见，但这里还是要明确一下：并非人人都更喜欢不适、痛苦、不幸，好像这些情感本身具有内在的、不可超越的价值。也不可能赞颂贫穷、疾病和其他可耻的鸿福至乐。只是要强调哲学生于惊叹，立于困境。只有这样，哲学才能继续。它在死胡同里安营扎寨，探究寻找出路的困境。

在我看来，哲学无须悲观或乐观，无须宣称世界可以是一座天堂，也不用判决它是一方地狱。因为哲学的首要任务是拒绝从单一角度审视人生，无论是明亮的角度，还是昏暗的角度。

其实，哲学向我们展示了人生的水杯如何永远地保持一半满一半空。换句话说，哲学教我们构思出的知识是真理和错误的混合，科学和虚幻的混合，确信和谵妄的混合。它让我们靠近拼布般的存在，那里纠缠着理性和无理，生和死，狂喜和苦痛，希望和幻灭，忍耐和不耐……不要忘记，显然还有幸福和不幸。它们都永恒地相互交织。

对我来说，只有这样的哲学才有意义。这样的哲学甚至是伟大的。

因此，说到底，哲学带不来幸福，而这再好不过了！

参考文献

本书没有完全按照学术规范的要求来写，脚注和文末参考文献，以及详细附注和学术评论，因为作用不大已被移除。

希望阅读上述被移除的内容的读者，可以在下面找到文中引述或参考的文献资料。我尽量简化内容。这些资料仅用作对本书内容的补充。

ANDRÉ, Christophe, *Vivre heureux. Psychologie du bonheur*, Odile Jacob, 1983.

ARISTOTE, *Œuvres complètes*, sous la direction

de Pierre Pellegrin, Flammarion, 2014.

BERGSON, Henri, *L'Énergie spirituelle*, PUF, coll. « Quadrige », 2009.

BRUCKNER, Pascal, *L'Euphorie perpétuelle. Essai sur le devoir de bonheur*, Le Livre de Poche, 2002.

CESPEDES, Vincent, *Magique étude du bonheur*, Larousse, 2013.

CHÂTELET, Gilles, *Vivre et penser comme des porcs*, Gallimard, coll. « Folio actuel », 1999.

COMTE-SPONVILLE, André, *Traité du désespoir et de la béatitude*, PUF, 2011. Avec Luc Ferry, *La Sagesse des Modernes*, Laffont, 1999. *Le Bonheur, désespérément*, Éditions 84, 2003.

CYRULNIK, Boris, *La Petite Sirène de Copenhague*, Éditions de l'Aube, 2012.

DELOURME, Alain, *Le bonheur possible. Philosophie du changement personnel*, Retz, 1999.

DETIENNE, Marcel, *Les Maîtres de vérité dans la*

Grèce archaïque, Le Livre de Poche, 2006.

DROIT, Roger-Pol, *Les Héros de la sagesse*, Plon, 2009 ; Champs Flammarion, 2012. *Votre vie sera parfaite. Gourous et charlatans*, Odile Jacob, 2005. *Généalogie des Barbares*, Odile Jacob, 2007. Avec Monique Atlan, *Humain. Une enquête philosophique sur ces révolutions qui changent nos vies*, Flammarion, 2012 ; Champs Flammarion, 2014.

ÉPICURE, *Lettres et Maximes*, Éditions de Mégare, 1977.

FERRY, Luc, *Qu'est-ce qu'une vie réussie?* Grasset, 2002. *Apprendre à vivre I*, Plon, 2006. *Apprendre à vivre II*, Plon, 2008.

FREUD, Sigmund, *Le Mot d'esprit et ses rapports avec l'inconscient*, Gallimard, coll. « Idées », 1971.

GO, Nicolas, *L'Art de la joie. Essai sur la sagesse*, Le Livre de Poche, coll. « Biblio Essai », 2012.

GUIGOT, André, *Pour en finir avec le « bonheur »*, Bayard Jeunesse, 2014.

GREEN, André, *Narcissisme de vie, Narcissisme de mort*, Minuit, 2007. *Pourquoi les pulsions de destruction ou de mort?* Panama, 2007, Ithaque, 2010.

HADOT, Pierre, *Qu'est-ce que la philosophie antique?* Folio, 1995. *La philosophie comme manière de vivre* (avec Jeannie Carlier et Arnold Davidson), Albin Michel, 2002.

HARTOG, François, *Régimes d'historicité. Présentisme et expérience du temps*, Seuil, 2002.

HAIDT, Jonathan, *The Happiness Hypothesis*, Random House, 2006.

HERSCH, Jeanne, *L'Étonnement philosophique*, Folio, 1993.

JULLIEN, François, *Nourrir sa vie. À l'écart du bonheur*, Seuil, 2005.

KANT, Emmanuel, *Fondements de la métaphysique des mœurs*, Le Livre de Poche, 1993.

LA BOÉTIE, Étienne de., *De la servitude*

volontaire, Tel, 1993.

LENOIR, Frédéric, *Du bonheur, un voyage philosophique*, Fayard, 2013.

LUCRÈCE, *De la nature*, GF Flammarion, 1997.

MARINOFF, Louis, *Plato, not Prozac. Applying Eternal Wisdom to Everyday Problems*, Harper Collins, 1999.

MISRAHI, Robert, *Traité du bonheur*. T. I, *Construc- tion d'un château*, Seuil, 1981 et 1995, Entrelacs, 2006. T. II, *Éthique, politique et bonheur*, Seuil, 1983. *Le Bonheur. Essai sur la joie*, éd. Cécile Defaut, 2012.

NIETZSCHE, Friedrich, *Crépuscule des idoles*, trad. P. Wotling, Flammarion, 2005. *Ainsi parlait Zarathoustra, Œuvres*. T. II, Laffont, 1993.

ONFRAY, Michel, *L'Art de jouir. Pour un matérialisme hédoniste*, Grasset, 1991. *La Sculpture de soi*, Grasset, 1993.

PAWIN, Rémy, *Histoire du bonheur en France de*

1945 à nos jours, Laffont, 2013.

PICQ, Pascal, *Nouvelle histoire de l'homme*, Tempus, 2007.

PLATON, *Œuvres complètes*, sous la direction de Luc Brisson, Flammarion, 2008.

SCHMID, Wilhelm, *Le Bonheur. Un idéal qui rend malheureux*, Autrement, 2014.

SCHOPENHAUER, Arthur, *Le Monde comme volonté et comme représentation*, Folio, 2009.

VAN DEN BOSCH, Philippe, *La Philosophie et le Bon- heur*, Flammarion, 1997.

VERGELY, Bertrand, *Petite philosophie du bonheur*, Milan, 2012.

VOELKE, André-Jean, *La philosophie comme thérapie de l'âme. Études de philosophie hellénistique*, Cerf, 1993.

致谢

首先我要感谢我的爱人莫妮卡·阿特朗（Monique Atlan），她让我感受到毋庸置疑的稳稳的幸福。

我还要感谢米歇尔·巴若（Michèle Bajau）的文字录入。

另外我要感谢弗拉马里翁出版社的接纳和支持，感谢吉尔·艾利（Gilles Haéri）对我友好而专注的倾听，感谢索菲·贝尔兰（Sophie Berlin）、马克西姆·卡特鲁（Maxime

Catroux）和弗朗辛·布洛贝尔（Francine Brobeil）为我的文章所做的工作。